Cousin (a Convention)

4042

ALBUM

DE

MICROPHOTOGRAPHIES

DE

ROCHES SÉDIMENTAIRES,

FAITES PAR

Maurice HOVELACQUE

D'APRÈS LES ÉCHANTILLONS RECUEILLIS ET CHOISIS

PAR

M. W. KILIAN,

Professeur de Géologie à l'Université de Grenoble.

✦

PARIS,

GAUTHIER-VILLARS, IMPRIMEUR-LIBRAIRE

DU BUREAU DES LONGITUDES, DE L'ÉCOLE POLYTECHNIQUE

Quai des Grands-Augustins, 55.

—

1900

ALBUM

DE

MICROPHOTOGRAPHIES

DE

ROCHES SÉDIMENTAIRES.

PARIS. — IMPRIMERIE GAUTHIER-VILLARS.

18406   Quai des Grands-Augustins, 55.

ALBUM

DE

MICROPHOTOGRAPHIES

DE

ROCHES SÉDIMENTAIRES,

FAITES PAR

Maurice HOVELACQUE

D'APRÈS LES ÉCHANTILLONS RECUEILLIS ET CHOISIS

PAR

M. W. KILIAN,

Professeur de Géologie à l'Université de Grenoble.

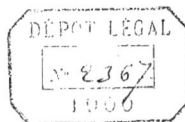

PARIS,

GAUTHIER-VILLARS, IMPRIMEUR-LIBRAIRE

DU BUREAU DES LONGITUDES, DE L'ÉCOLE POLYTECHNIQUE

Quai des Grands-Augustins, 55.

1900

AVANT-PROPOS.

L'Album que nous présentons au public scientifique comprend une série de microphotographies, exécutées par Maurice Hovelacque d'après des échantillons de roches sédimentaires que nous avons recueillis et choisis dans le cours de nos explorations géologiques. Ces documents devaient servir de base à un travail d'ensemble sur les Calcaires alpins que nous avions entrepris avec notre confrère lorsqu'il fut si brusquement enlevé à la Science et à ses amis.

Chargé, lors de notre nomination à la Faculté des Sciences de Grenoble, des recherches nécessaires au levé d'une notable partie de la Carte géologique des Alpes françaises, nous avons été rapidement amené à apprécier l'utilité que peut avoir l'*examen microscopique* pour la distinction des différents horizons de Calcaires alpins.

On sait que l'âge exact de ces grandes masses rocheuses, pour la plupart très pauvres en fossiles déterminables, généralement laminées, et souvent rendues méconnaissables par la cristallinité partielle qu'y a développée le dynamométamorphisme, est particulièrement délicat à établir; la plus grande partie d'entre elles avait été groupée par Ch. Lory sous la dénomination de *Calcaires du Briançonnais*. Des études récentes ont permis de reconnaitre dans cet ensemble une série d'horizons appartenant soit au Trias, soit à divers étages jurassiques.

Mais ces multiples assises calcaires ne sont fossilifères que sur quelques rares points de la région, et il y a grand intérêt à trouver dans la structure même de la roche qui les constitue des caractères qui permettent de les distinguer toujours avec certitude.

L'examen microscopique nous a grandement facilité cette tâche.

Afin de posséder les éléments de comparaison indispensables pour établir la nature de nos calcaires des Alpes, nous avons d'abord soumis à l'examen microscopique une série de types connus comme les calcaires coralliens et bathoniens du Jura, puis les calcaires urgoniens des chaines subalpines. Cette méthode nous a vivement intéressé et nous a bientôt entrainé assez loin de notre point de départ.

Si l'étude des calcaires réduits en plaques minces devait, en effet, nous donner des indications précieuses pour la distinction et la détermination des différents niveaux sédimentaires de nos Alpes, elle pouvait, en outre, nous éclairer sur le facies et sur l'origine des dépôts, comme l'ont fait voir depuis, pour la Craie du nord de la France, les remarquables travaux de M. Cayeux. La détermination exacte des restes organiques rencontrés en abondance dans certains calcaires devait, en outre, nous conduire à des recherches de paléontologie animale et végétale assez délicates et très spéciales.

L'application de l'examen microscopique à l'étude des roches sédimentaires nous paraissait devoir être d'autant plus féconde que la méthode micrographique, poussée si loin, pour ce qui concerne les roches éruptives et métamorphiques, n'a été jusqu'ici que rarement appliquée avec suite aux calcaires d'origine purement sédimentaire et que les observateurs qui l'ont employée se sont placés à des points de vue très spéciaux, tels que la recherche de certains minéraux (Glauconie, Feldspaths, Silicates divers), alors qu'elle peut rendre de grands services en aidant à préciser la nature, zoogène ou phytogène, des sédiments examinés. Ne voit-on pas, par exemple, encore couramment qualifiés de *coralligènes* des calcaires urgoniens dans lesquels on constate avec étonnement, lorsqu'on prend la peine de les soumettre à l'examen micrographique, que les débris de Zoanthaires font absolument défaut?

Il s'agissait là, comme on le voit, d'une œuvre de longue haleine, et nous ne nous dissimulions ni les difficultés inhérentes à une telle entreprise, ni l'impossibilité de la mener à bien sans l'aide d'un collaborateur.

Nous eûmes alors l'idée de nous adresser à Maurice Hovelacque qui, dès 1885, avait suivi avec ardeur les beaux travaux de MM. Dupont et Murray sur les calcaires construits, que ses remarquables recherches de Paléontologie végétale avaient familiarisé avec la technique microscopique appliquée à l'étude des plaques minces et qui s'était créé un outillage spécial, peut-être unique en son genre. Hovelacque ([1]) nous avait, du reste, déjà prêté le secours de son expérience pour une petite étude des Calcaires crétacés de la Gourre dans les Basses-Alpes. Notre ami accueillit avec empressement cette proposition et nous fixâmes les bases de notre collaboration.

Pour la partie matérielle, nous nous chargeâmes personnellement du choix et de la réunion des matériaux; Hovelacque devait veiller à la confection des préparations et reproduire en microphotographie les plus intéressants de ces documents.

En ce qui concerne la partie théorique, notre confrère se réservait l'étude des restes végétaux (Algues calcaires, etc.), tandis que nous devions nous occuper des débris animaux et tirer, en outre, de l'étude commune les résultats d'un intérêt plus spécialement géologique qu'elle comportait (distinction des différents calcaires alpins d'après leur structure, considérations sur les facies, leur origine, etc.) et qui constituaient le but initialement poursuivi dans ces recherches.

Il est utile de rappeler ici les conclusions que l'examen d'un premier lot de préparations nous avait permis de formuler dès 1897 et qui ont été communiquées à la Société géologique de France dans les termes suivants ([2]) :

« Dans le cours des recherches nécessitées par la préparation du Mémoire sur la Maurienne, qu'il achève actuellement en collaboration avec M. Révil, M. Kilian a été amené à apprécier l'utilité que peut avoir *l'examen microscopique pour la distinction des différents horizons de*

([1]) KILIAN et HOVELACQUE, *Sur le Calcaire de la Gourre près Séderon* (*Bull. Soc. géol. de France*, 3ᵉ série, t. XXIII, Pl. I, p. 847; 1896).

([2]) KILIAN et HOVELACQUE, *Examen microscopique de Calcaires alpins* (*Bull. Soc. géol. de France*, t. XXV, p. 638; 1897).

*Calcaires alpins compris jadis sous la dénomination de Calcaires du Brian-
çonnais.* Afin de posséder les éléments de comparaison indispensables
à une semblable étude, MM. Kilian et Hovelacque ont tenu d'abord à
examiner, à ce point de vue, une série de Calcaires d'âge connu, pris
dans les régions subalpines.

» Les préparations, pour la plupart de grandes dimensions (10^{cmq}
à 20^{cmq}), ont été exécutées par M. Rousseau, sous la surveillance et
sur les indications de M. Hovelacque; leur examen a eu lieu à des
grossissements variant de 3/1 à 85/1; un grand nombre de préparations ont fait l'objet de microphotographies exécutées par M. Hovelacque et dont un choix est mis sous yeux de la Société en même temps
que cette Note.

» Ce sont les résultats provisoires de cette étude que MM. Kilian et
Hovelacque ont l'honneur de communiquer aujourd'hui à leurs con-
frères; ils se proposent de continuer activement ces recherches.

» L'examen de plus de cent plaques minces leur permet d'annoncer
d'ores et déjà les conclusions suivantes :

A. — CALCAIRES DIVERS DES RÉGIONS SUBALPINES.

» *a. Jurassique supérieur* dit « coralligène ». — L'Échaillon (Isère),
Colle-de-Mons (Alpes-Maritimes), Moustiers-Sainte-Marie (Basses-
Alpes).

» Ils sont entièrement formés de débris divers; on y remarque surtout des Foraminifères, des morceaux de Polypiers et des Hydrozoaires
(à étudier). Dans certaines localités : Rochefort (Savoie), Vigne-
Droguet (Savoie), Aizy (Isère), Le Chevallon (Isère), Moustiers
(Basses-Alpes), on a affaire à de véritables *brèches* à éléments de
grandes dimensions, dans lesquelles on remarque des *Polypiers* en
débris, des morceaux de Bivalves et de nombreux Foraminifères (Miliolidés, *Haplophragmium*); telle est aussi la structure des calcaires
rauraciens du Jura bernois.

» *b. Tithonique à facies vaseux* (environs de Grenoble). — Pâte fine,
non cristalline avec Radiolaires. Structure identique à celle du Tithonique de Vogüe (Ardèche); se retrouve dans les éléments des *fausses
brèches* tithoniques du col de Cabre (Drôme).

» *c. Calcaires « urgoniens »* et *couches à Orbitolines* de l'Aptien inférieur. — Voreppe (Isère), Cobonne (Drôme), La Charce (Drôme),
Montclus (Hautes-Alpes), Poliénas (Isère).

» Les calcaires blancs urgoniens sont riches en Foraminifères
encroûtés et en débris de Polypiers. Ces divers fragments forment
entièrement la roche. Les couches à Orbitolines sont *presque exclusive-
ment* constituées par des Foraminifères (Orbitolines et surtout *Miliolidés*). Elles contiennent beaucoup d'*Algues calcaires*. Les Miliolidés
sont généralement très encroûtés de calcaire. A Cobonne, le calcaire
est à grains serrés de calcite et renferme des Miliolidés isolés.

» Il n'y a, en somme, entre les calcaires dits *coralligènes* du Jurassique et les calcaires *urgoniens* aucune différence fondamentale : dans
les deux ordres de roche, on distingue des échantillons riches en fragments de Polypiers (¹) et des parties où abondent les Miliolidés : cette
dernière structure est particulièrement accentuée dans les couches à
Orbitolines de l'Urgonien, où l'abondance des débris d'*Algues calcaires*
se fait remarquer. Nulle part l'examen microscopique n'a montré des
calcaires *construits*, c'est-à-dire résultant de l'enfouissement de récifs
in situ.

» *d. Calcaires sénoniens.* — Gigors (Drôme), Sassenage (Isère),
La Gourre, près Séderon (Drôme), Revel (Drôme).

Les calcaires sénoniens sont nettement caractérisés par l'extrême
abondance des *Bryozoaires* qui y forment un véritable feutrage très
particulier. A ces débris se mêlent des Globigérines, des Foraminifères multiloculaires (*Textularia*), ainsi qu'une série de fragments à
étudier.

» *e. Craie d'Hyèges* (Basses-Alpes). — Remarquable par la présence
de grands *Spongiaires* très bien conservés.

B. — CALCAIRES DES RÉGIONS ALPINES (zone du Briançonnais).

» On peut y distinguer aisément au microscope :
» *a.* Les *Calcaires triasiques*, ne présentant que de vagues traces

(¹) Ces derniers fragments n'abondent, pour l'Urgonien, que dans des échantillons
exceptionnels, tandis qu'ils sont beaucoup plus fréquents dans les calcaires jurassiques.
(Note ajoutée pendant l'impression de l'album.)

II.   2

d'organismes; *fortement recristallisés*, à petites plages de calcite ou de dolomie formant un grain serré. — Janus et Infernet, près Briançon, Ceillac (Hautes-Alpes), Lac du Paroird (Basses-Alpes), Gros, près Guillestre (Hautes-Alpes), Col de Fours (Ubaye), Col du Loup (Hautes-Alpes), etc.

» *b*. Les *Calcaires à débris du Lias*, riches en grandes plages de calcite figurant les fragments d'Entroques et d'autres Échinodermes : nombreux morceaux de *Polypiers*, Foraminifères (rares). Cette structure rappelle beaucoup celle des calcaires rauraciens du Jura bernois.

» Le Lautaret et la Mandette (Hautes-Alpes), Galibier, Aiguilles de la Saussaz, le Planc (Savoie), Col de Martignare. Au Pas-du-Roc et à Dorgentil (Savoie), la recristallisation a masqué en partie cette structure.

» *c*. *Calcaires blancs du Jurassique supérieur*. — Caractérisés par *l'abondance* des *Foraminifères* (Miliolidés surtout), souvent totalement encroûtés, servant de centre à des *Oolithes* et rappelant, à cet égard, le Bathonien compact de Besançon (Forest-Marble). Débris fréquents de Polypiers et d'Encrines. Morgon (Hautes-Alpes), Costebelle, Siolane et Revel, dans la vallée de l'Ubaye.

» A ces roches se rattacheraient par leur structure les Calcaires de Puy-Saint-Vincent, près Vallouise (¹) (Hautes-Alpes), considérés jusqu'à présent comme liasiques.

» *c^bis*. *Calcaire bréchoïde de Guillestre*. — C'est une « *fausse brèche* »; tous les éléments ont la même nature : pâte très fine englobant des Radiolaires. Ciment formé d'argile rouge ferrugineuse, durcie.

» *d*. A Fond-Sancte (Haute-Ubaye), des Calcaires noirs renfermant beaucoup de Foraminifères dont certains ont la structure des Orbitolinidés; ce type ne paraît rentrer dans aucune des catégories (*a*, *b*, *c*) connues dans les chaînes alpines.

» MM. W. Kilian et Hovelacque comptent étudier en détail les microorganismes contenus dans toutes ces roches et espèrent tirer de cet examen des conclusions intéressantes sur leur mode de formation. »

(¹) Des recherches récentes de MM. Termier et Kilian ont montré que les Calcaires du Puy-Saint-Vincent appartiennent réellement au Lias, dont ils représentent un type zoogène analogue à celui des Lozettes (Savoie) et de Restefond (Basses-Alpes). W. K.

Une étude analogue à celle que nous projetions a été publiée, pour le Portugal, par M. Bleicher, en 1898 ([1]).

La mort de notre cher ami vint interrompre nos travaux au moment même où ils allaient entrer dans leur phase la plus intéressante. Des matériaux nombreux avaient été rassemblés : un nombre considérable d'échantillons de calcaires divers, mais provenant surtout de la région des Alpes, avaient été taillés en plaques minces et Hovelacque avait exécuté, avec sa méthode et son soin habituels, plus de 450 microphotographies représentant les préparations les plus curieuses.

Mais si la plus grande partie des documents nécessaires à notre étude étaient réunis, le travail était loin d'être achevé ; il restait à étudier dans leurs détails les matériaux ainsi préparés, à les comparer au double point de vue paléontologique et stratigraphique, à porter une attention spéciale sur certains groupes d'organismes dont les restes jouent dans ces roches un rôle important, recherches dont la bibliographie est éparse et parfois considérable.

L'emploi de l'eau acidulée et des colorants, dont M. Bleicher ([2]) a récemment fait ressortir l'utilité pour l'étude des plaques minces de roches sédimentaires, devait nous permettre de préciser encore et de compléter les résultats déjà entrevus. Les procédés indiqués par le même auteur pour distinguer la dolomie de la calcite devaient également nous servir à reconnaître la nature plus ou moins magnésienne de nos Calcaires du Briançonnais.

La difficulté de déterminer exactement, d'après des sections microscopiques, les débris organiques contenus dans les roches sédimentaires est extrême, ainsi que nous l'a maintes fois rappelé notre éminent maître M. Munier-Chalmas ; des fragments roulés d'organismes divers peuvent présenter, dans les sections forcément difficiles à

([1]) BLEICHER, *Contribution à l'étude lithologique, microscopique et chimique des roches sédimentaires, secondaires et tertiaires du Portugal* (avec Planches en phototypie). (*Communicaçoes da secçao dos trabalhos geologicos de Portugal*, t. IV, fasc. II ; 1896-1898.)

([2]) *Association française pour l'avancement des Sciences. — Congrès de Bordeaux,* p. 505 ; 1895. — *Sur quelques perfectionnements apportés à la préparation et à l'étude des plaques minces des roches sédimentaires calcaires* (*Comptes rendus de l'Académie des Sciences,* 20 mai 1895).

orienter, des aspects inattendus qui déroutent complètement l'observateur. A ces causes d'incertitude, il faut ajouter la *recristallisation* si fréquente dans les calcaires des régions plissées et qui, lorsqu'elle n'a pas fait disparaître complètement toute trace de fossiles microscopiques (beaucoup de calcaires triasiques) a rendu souvent très vague et généralement indéterminable la figure laissée par les restes organisés.

Hovelacque avait commencé à s'occuper de rechercher parmi les fragments d'organismes contenus dans nos préparations ceux, plus nombreux qu'il n'avait semblé au premier abord, qui devaient être rapportés au règne végétal, et sa correspondance avec son maître, M. Eg. Bertrand, montre avec quelle consciencieuse précision il avait entrepris cette étude.

Plusieurs séries de préparations n'avaient pas encore fait l'objet de microphotographies ; ce sont notamment les séries du Rauracien du Jura, les Calcaires coralligènes du Lias de Dorgentil (Savoie), ceux du Jurassique supérieur de la vallée de l'Ubaye (Basses-Alpes), les Calcaires du Trias briançonnais, remarquables par leur cristallinité, et d'autres encore dont un premier examen nous avait fait pressentir tout l'intérêt.

Attendre l'achèvement complet de ces recherches pour faire connaître les belles photographies exécutées par notre regretté confrère, c'était ajourner peut-être pour bien longtemps leur publication ; il nous a semblé que nous n'avions pas le droit de le faire et que c'était rendre un hommage plus efficace à la mémoire de Maurice Hovelacque que de livrer dès à présent à la publicité la part du travail commun qu'il avait préparée avec tant d'ardeur et tant d'habileté.

En nous chargeant de diriger la publication de ces matériaux, la famille de notre collaborateur nous a procuré la satisfaction de remplir un devoir que nous dictait une ancienne et profonde amitié. Nous lui en exprimons notre vive reconnaissance.

ALBUM

DE

MICROPHOTOGRAPHIES

DE

ROCHES SÉDIMENTAIRES.

Le but poursuivi dans la réunion des documents qui composent le présent Atlas étant de mettre en évidence la *structure intime* des Calcaires alpins, il a semblé opportun de présenter dans l'ordre de leur ancienneté géologique ces exemples choisis, soit parmi les sédiments des régions alpine et subalpine, soit, à titre de comparaison, parmi les Calcaires d'autres contrées (Ardèche, Jura, Bourgogne). Des rapprochements d'un autre ordre, basés sur la structure ou sur la présence de certains organismes déterminés, pourront être facilement tentés par le lecteur, auquel nous nous contentons, dans ce travail malheureusement inachevé, de fournir une série de *types de structure* qui pourront servir de point de départ à des groupements plus rationnels et à des études plus approfondies.

Les préparations d'après lesquelles ont été faites les photographies contenues dans cet Album sont, pour la plupart, de grandes dimensions, de $7 \times 2,5$ à $75 \times 18,5$ centimètres; elles ont été exécutées par M. E. Rousseau. Leur épaisseur dépasse notablement celle des plaques minces employées pour l'étude des roches éruptives. Les grossissements varient de $\frac{3}{1}$ (pour les ensembles) à $\frac{25}{1}$ et $\frac{85}{1}$ (pour le détail).

Les clichés qui sont reproduits dans l'Atlas font partie, avec un grand nombre d'autres, dus également à Maurice Hovelacque, d'une collection déposée au Laboratoire de Géologie de l'Université de Grenoble, où ils peuvent être consultés, ainsi que les préparations. Les numéros indiqués se rapportent à cette collection. Les échantillons correspondants, également désignés par des numéros, appartiennent aussi aux Séries de la Faculté de Grenoble.

Le maître préféré et l'ami de Maurice Hovelacque, M. le professeur C.-Eg. Bertrand, de l'Université de Lille, a bien voulu nous assister de sa haute compétence et de ses précieux conseils, dans la mise en œuvre et la composition des Planches.

L'exécution matérielle de l'Atlas a été confiée à M. Gauthier-Villars et à la maison Royer, de Nancy, qui ont su tirer le meilleur parti possible des photogrammes laissés par notre regretté collaborateur. Enfin, nous devons des remerciments particuliers à M. le professeur Steinmann, de Fribourg-en-Brisgau, qui nous a obligeamment donné son avis sur l'interprétation de certains organismes contenus dans les préparations figurées ci-après.

EXPLICATION DES PLANCHES.

PLANCHE I.

Calcaire infraliasique de Vernoux (Ardèche).

Cette roche est intéressante par le fait qu'elle appartient à un faciès subcoralligène (à Polypiers et Pélécypodes) de l'Infralias (Hettangien) de la bordure est du Plateau central de la France.

Fig. 1. — Ensemble d'une préparation, vue à un grossissement d'environ $\frac{4}{1}$. Section sans orientation déterminée. — Les parties A et B sont celles qui sont représentées à un plus fort grossissement dans les *fig.* 2 et 3.

On y remarque de nombreux débris de Lamellibranches, des Polypiers et divers autres restes organisés.

Cliché **168**. — Échantillon **75**.

Fig. 2. — Détail du point B de la *fig.* 1. — Section d'organisme indéterminé.

Grossissement : environ $\frac{14}{1}$. — Cliché **243**. — Échantillon **75**.

(*Voir* aussi *Pl.* LXIX, *fig.* 4.)

Fig. 3. — Détail de la région A de la *fig.* 1. — Section d'organisme indéterminé.

Grossissement : environ $\frac{4}{1}$. — Cliché **247**. — Échantillon **75**.

Calcaires liasiques des Alpes.

Ces calcaires constituent des exemples de la *structure oolithique*, fréquente dans le Lias des zones intra-alpines du Dauphiné et des Basses-Alpes. Cette structure échappe généralement à l'examen macroscopique. Elle ne se présente jamais dans les calcaires du Trias des mêmes régions, beaucoup plus cristallins, mais dont l'aspect extérieur est souvent fort analogue.

Voir W. Kilian, *Note sur la structure microscopique des calcaires du Lias alpin* (*Bull. Soc. géol. de France*, 3ᵉ série; 19 juin 1899).

Fig. 1. — Vue d'ensemble d'une préparation d'un Calcaire liasique du Col de Restefond, près Jausiers (Basses-Alpes). — Coupe sans orientation déterminée.

Grossissement : ³/₁. — Cliché 543. — Échantillon 128.

Fig. 2. — Vue d'ensemble d'une préparation d'un Calcaire liasique des Lozettes, au nord du Col du Galibier (Savoie). — Coupe verticale (perpendiculaire à la stratification).

Curieux empilements d'Oolithes et de débris d'organismes. — La flèche indique la direction perpendiculaire à la stratification. — A, point dont le détail est représenté dans la *fig.* 1 de la *Pl.* III.

Grossissement : ³/₁. — Cliché 363. — Échantillon 103.

Fig. 3. — Vue d'ensemble d'une préparation du Lias des Lozettes (Savoie). — Coupe horizontale (parallèle à la stratification).

A, B, C, régions dont le détail est représenté dans les *fig.* 2, 3, 4 de la *Pl.* III.

Grossissement : ³/₁. — Cliché 362. — Échantillon 103 (le même que *fig.* 2).

PLANCHE III.

Calcaires liasiques des Alpes.

———

Cette Planche représente diverses portions des préparations figurées sur la *Pl.* II, vues à un plus fort grossissement.

Fig. 1. — Détail de la région A, *fig.* 2, *Pl.* II.

    Lias des Lozettes. — Coupe verticale montrant la structure *zoogène* de ce calcaire.

    Grossissement : environ $\frac{25}{1}$. — Cliché 388. — Échantillon 103.

Fig. 2. — Détail de la région A, *fig.* 3, *Pl.* II.

    Lias des Lozettes. — Coupe horizontale.

    Grossissement : $\frac{25}{1}$. — Cliché 386. — Échantillon 103.

Fig. 3. — Détail de la région B, *fig.* 3, *Pl.* II.

    Lias des Lozettes. — Coupe horizontale montrant la structure *zoogène* de ce calcaire.

    Grossissement : environ $\frac{25}{1}$. — Cliché 384. — Échantillon 103.

Fig. 4. — Détail de la région C, *fig.* 3, *Pl.* II.

    Lias des Lozettes. — Coupe horizontale montrant la structure *oolithique* et zoogène; débris spathisés d'Échinodermes.

    Grossissement : $\frac{25}{1}$. — Cliché 383. — Échantillon 103.

———

PLANCHE IV.

Calcaires liasiques des Alpes.

Détails grossis des préparations du calcaire liasique du col de Restefond, représentées *Pl.* II, *fig.* 1, et *Pl.* VI, *fig.* 1.

Fig. 1. — Détail de la région B, *fig.* 1, *Pl.* VI, montrant la recristallisation de la roche.

Grossissement : environ $\frac{8,9}{1}$. — Cliché 374. — Échantillon 108.

Fig. 2. — Détail de la région A, *fig.* 1, *Pl.* VI. — Recristallisation masquant partiellement la structure zoogène et oolithique.

Grossissement : $\frac{8,6}{1}$. — Cliché 378. — Échantillon 108.

Fig. 3. — Montrant la structure oolithique : traces d'organismes dans le centre des oolithes; recristallisation du calcaire dans l'interstice des oolithes.

Grossissement : $\frac{2,5}{1}$. — Cliché 427. — Échantillon 128.

Fig. 4. — Oolithes et restes organiques.

Grossissement : $\frac{2,5}{1}$. — Cliché 426. — Échantillon 128.

Ces préparations ont beaucoup d'analogie avec celle que M. Bleicher a représentée *Pl.* I, *fig.* 2 de son Mémoire sur les roches sédimentaires du Portugal. Cette figure montre la coupe d'un calcaire oolithique bathonien de Serra do Bouro.

PLANCHE V.

Calcaires liasiques des Alpes.

Échantillons choisis pour faire voir la nature zoogène des calcaires liasiques intra-alpins. Le deuxième type, calcaire noir à Bivalves, est spécialement fréquent dans la partie méridionale de la zone du Briançonnais (Haute-Ubaye, Ubayette, etc.).

Fig. 1. — Ensemble d'une section faite dans un calcaire coralligène *lia-sique* du pied Ouest des Aiguilles de la Saussaz, au Nord de la Grave (Hautes-Alpes), sur le bord Ouest de la zone du Briançonnais. — Coupe sans orientation déterminée.

La structure des Polypiers est très visible malgré la recristallisation partielle.

Grossissement : $\frac{3}{1}$. — Cliché 151. — Échantillon 63.

Fig. 2. — Ensemble d'une préparation faite dans un calcaire liasique du col de Restefond, près Jausiers (Basses-Alpes). — La flèche rouge indique la direction perpendiculaire à la stratification.

On distingue les nombreuses sections de *Coquilles de Pélécypodes* dont les débris spathisés concourent, pour une notable partie, à la composition de ce calcaire.

Grossissement : environ $\frac{3}{1}$. — Cliché 327. — Échantillon 109.

PLANCHE VI.

Calcaires liasiques des Alpes.

Les deux figures de cette Planche représentent deux types très différents de calcaires liasiques; le premier montre la structure oolithique et zoogène du Lias intra-alpin; le second montre les calcaires liasiques avec leur facies ordinaire.

Fig. 1. — Préparation d'un calcaire liasique du col de Restefond, près Jausiers (Basses-Alpes). — Coupe sans orientation déterminée.

Les lettres A et B indiquent les régions dont le détail est donné Pl. IV, *fig.* 2 et 1.

Grossissement : environ $\frac{3}{1}$. — Cliché 333. — Échantillon 108.

Fig. 2. — Ensemble d'une préparation du Lias inférieur de Barcelonnette (Basses-Alpes).

Calcaire gris bleu de facies vaseux, avec section de Bélemnites.

Grossissement : $\frac{3}{1}$. — Cliché 205. -- Échantillon 98.

PLANCHE VII.

Calcaires-brèches du Lias alpin.

———

Parmi les nombreuses variétés de calcaires-brèches (Brèche du Télégraphe) qui se rencontrent dans le Lias de la zone du Briançonnais, la brèche violette de Villette (Savoie) est une des plus connues. Elle appartient au Lias moyen.

Fig. 1. — Ensemble d'une préparation de la Brèche de Villette (Savoie). — Coupe verticale.

On remarque, surtout dans la partie inférieure, la nature et la structure variées des fragments calcaires qui la composent et leur forme anguleuse. Quelques débris organiques.

Les lettres A et B indiquent les régions dont les *fig.* 2 et 3 représentent le détail.

Grossissement : environ $\frac{27}{10}$. — Cliché 130. — Préparation 61.

Fig. 2. — Détail de la région B de la même préparation. — Débris d'Échinide.

Grossissement : environ $\frac{7,5}{1}$. — Cliché 240.

Fig. 3. — Détail de la région A de la même préparation. — Débris d'Échinide (radiole?).

Grossissement : environ $\frac{7,5}{1}$. — Cliché 241.

———

PLANCHE VIII.

Calcaires médiojurassiques des Alpes.

Cette planche représente différents types de calcaires attribués au Dogger dans la zone du Briançonnais, où ils supportent les marbres rouges du Jurassique supérieur.

Fig. 1. — Vue d'ensemble d'une préparation du calcaire gris noir, en plaquettes, à *Ostrea costata* Sow. et à *Mytilus* du Lac des Neuf-Couleurs, au Nord de Serenne (Basses-Alpes). — Coupe perpendiculaire à la stratification.

Roche du type vaseux à nombreux débris de Bivalves.

Grossissement : $\frac{2,5}{10}$. — Cliché 158. — Échantillon 68. Coupe CB.

Fig. 2. — Vue d'ensemble d'une préparation de calcaire brun, médiojurassique du versant Est du Grand Galibier (Hautes-Alpes). — Coupe sans orientation déterminée.

Ce calcaire est une brèche à petits éléments. Il contient des fragments subanguleux de calcaires divers dont quelques-uns sont oolithiques et zoogènes (Lias), et d'autres plus cristallins (Trias).

Grossissement : environ $\frac{2,5}{10}$. — Cliché 152. — Échantillon 64.

Fig. 3. — Détail d'un point de la préparation précédente représentant un des fragments contenus dans la brèche et possédant, malgré sa recristallisation presque totale, des traces très nettes de structure organisée. C'est probablement un fragment du calcaire triasique dit « à Gyroporelles » ?

Grossissement : environ $\frac{7,5}{1}$. — Cliché 244. — Échantillon 64.

Calcaires de Panestrel (Haute-Ubaye).

(Médiojurassique?)

———

Ces calcaires noirs font partie d'une bande synclinale dans les calcaires triasiques du versant Sud-Est de la crête de Panestrel, à l'Ouest de Maurin, dans la haute vallée de l'Ubaye (Basses-Alpes). Ils appartiennent probablement au Jurassique moyen ou au Lias.

Ils sont beaucoup moins recristallisés que les calcaires du Trias et renferment des traces très nettes d'organismes.

Fig. 1. — Ensemble d'une préparation du calcaire noir de Panestrel, montrant les nombreux débris organisés dont il est constitué.

Grossissement : environ $\frac{15}{10}$. — Cliché 372. — Échantillon 8 *bis*.

Fig. 2. — Calcaire noir de Panestrel, vu au grossissement d'environ $\frac{15}{4}$.

Au centre de la figure, on voit trois coupes très nettes d'un organisme spécial, très abondant dans cette roche, et dont la nature est encore indéterminée.

Cliché 568. — Échantillon 8 *bis*.

———

PLANCHE X.

Calcaires jurassiques divers (Bathonien et Portlandien).

— — —

Figures destinées à montrer que beaucoup de calcaires blancs compacts du Jurassique alpin et extra-alpin sont des calcaires à *Foraminifères* analogues aux calcaires blancs urgoniens qui feront l'objet des *Pl.* XLVII, XLIX, etc.

Fig. 1. — Détail d'un calcaire blanc, compact, à taches roses, du Bathonien moyen de Besançon (Doubs), « *Forest Marble* ». — Sections de *Foraminifères*.

Grossissement : environ $\frac{7.5}{1}$. — Cliché 255. — Échantillon 84. — Coupe A.

Fig. 2. — Détail d'une autre région de la même préparation. — Section de Foraminifère.

Même grossissement. — Cliché 250.

Fig. 3. — Détail d'une autre région de la même préparation. — Section de Foraminifère.

Même grossissement. — Cliché 252.

Fig. 4. — Détail d'une préparation de calcaire blanc, dit *récifal*. Bancs inférieurs du Jurassique supérieur de Moustiers-Sainte-Marie (Basses-Alpes). — Coupe sans orientation déterminée.

Structure zoogène, en partie recristallisée. Vers le centre, un Foraminifère.

Grossissement : environ $\frac{14}{1}$. — Cliché 60. — Échantillon 59.

— — — — — —

PLANCHE XI.

Calcaire oolithique du Bathonien franc-comtois.

— — ·

Planche destinée à analyser la structure d'un des Calcaires ooli-
tiques (oolithe miliaire), si fréquents dans le Bathonien inférieur des
régions jurassienne et bourguignonne.

Fig. 1. — Ensemble d'une préparation de l'Oolithe blanche bathonienne
de Rochefort (Jura), laissant voir la structure oolithique. —
Coupe sans orientation déterminée.

A, B, C, D, régions dont les figures suivantes et les *fig.* 2 et 3
de la *Pl.* XII donnent le détail.

Grossissement : $\frac{22}{10}$. — Cliché 232. — Échantillon 121.

Fig. 2. — Détail de la région B de la préparation précédente, vue à un
grossissement de $\frac{20}{1}$ environ.

Oolithes très nettes, avec structure fibro-concentrique et débris
organisés au centre; grand fragment de *Bryozoaire* (?).

Cliché 413.

Fig. 3. — Détail de la région A de la même préparation.

Débris organisés abondants (*Bryozoaires*), la plupart roulés et
encroûtés de calcaire. — Quelques oolithes à croûte fibro-
radiée.

Grossissement : $\frac{20}{1}$. — Cliché 412.

---

(1) L'examen de ces oolithes, et celui des oolithes figurées *Pl. III, fig.* 1 à 4, *Pl. IV,
fig.* 3 et 4, *Pl. XII, fig.* 2 et 3, *Pl. XLI, fig.* 1 à 3, *Pl. XLII, fig.* 1 à 4, *et tout spécialement la figure* 4, *Pl. XLI*, paraît confirmer l'opinion de certains auteurs, parmi lesquels nous citerons plus particulièrement M. Rothpletz, d'après laquelle la production
des oolithes ne serait pas due uniquement à un processus chimique. Une partie du calcaire déposé aurait une *origine organique*, ayant été sécrété par des algues microscopiques très inférieures (ROTHPLETZ, *Ueber die Bildung. der Oolithe. Botanische Cen-
tralblatt*, n° 35, 1892).

· · —— ·

PLANCHE XII.

Calcaires jurassiques divers (Bathonien et Portlandien extra-alpins).

— ——

Exemples typiques de structure zoogène et oolithique.

Fig. 1. — Détail d'une préparation de Calcaire récifal de l'Échaillon (Isère). Jurassique supérieur (Portlandien). — Coupe horizontale (parallèle aux bancs) laissant voir la structure zoogène assez grossière.

Grossissement : $\frac{20}{1}$ environ. — Cliché 57. — Échantillon 40.

Fig. 2. — Détail de la région D de la préparation (*Pl.* XI, *fig.* 1) de l'Oolithe bathonienne de Rochefort (Jura).

Oolithes à structure à la fois concentrique et radiée, avec centre formé d'un débris roulé, souvent organique. La calcite des interstices est cristallisée.

Grossissement : $\frac{21}{1}$. — Cliché 413.

Fig. 3. — Détail de la région C de la même préparation.

Grand fragment de Bryozoaire. — Oolithes comme dans la figure précédente.

Grossissement : environ $\frac{20}{1}$. — Cliché 414.

Calcaires récifaux du Jurassique supérieur. — L'Échaillon (Isère).

Cette Planche, ainsi que les suivantes, est consacrée à la structure intime des calcaires blancs récifaux bien connus de l'Échaillon (Isère) appartenant au faciès dit *coralligène* du Jurassique supérieur (Kiméridgien supérieur et Portlandien). Elles montrent que cette roche est entièrement constituée par une accumulation de débris organiques variés, roulés et brisés.

Fig. 1. — Ensemble d'une préparation de Calcaire de l'Échaillon. — Coupe sans orientation déterminée.

    On y aperçoit des fragments très variés, disposés sans ordre et constituant une sorte de brèche zoogène à éléments relativement grossiers.

    Grossissement : $\frac{2.0}{1}$ environ. — Cliché 15. — Échantillon 39.

Fig. 2. — Détail d'une préparation de Calcaire de l'Échaillon. — Coupe horizontale.

    Débris organiques variés, parmi lesquels on remarque des Foraminifères (*Cristellaria? Rotalia?*). — (Même préparation que *Pl.* XII, *fig.* 1.)

    Grossissement : $\frac{2.0}{1}$. — Cliché 56. — Échantillon 40.

PLANCHE XIV.

Calcaires récifaux du Jurassique supérieur. — L'Échaillon (Isère).

———

Fig. 1. — Ensemble d'une préparation de Calcaire de l'Échaillon.

Structure zoogène grossière.

A, B, C, D, E : régions dont le détail est figuré sur les Planches suivantes.

Grossissement : environ $\frac{21}{10}$. — Cliché **176**. — Échantillon **83**.

Fig. 2. — Ensemble d'une préparation de Calcaire de l'Échaillon. — Coupe verticale. Le côté **LT** représente la direction perpendiculaire à la stratification, L étant en haut et T en bas.

Les *fig.* 1, *Pl.* XII, et *fig.* 2, *Pl.* XIII, représentent le détail de certaines régions du même échantillon.

Grossissement : $\frac{21}{10}$. — Cliché **17**. — Échantillon **40**.

Fig. 3. — Ensemble d'une préparation de Calcaire de l'Échaillon. — Coupe perpendiculaire à celle de la *fig.* 1 (même échantillon).

Structure entièrement zoogène.

A, B, C, D, E, F, G, H, J : région dont le détail est figuré sur les Planches suivantes.

Grossissement : environ $\frac{21}{10}$. — Cliché **175**. — Échantillon **83**.

———

PLANCHE XV.

Calcaires récifaux du Jurassique supérieur. — L'Échaillon (Isère).

Fig. 1. — Détail de la région B de la préparation reproduite *Pl.* XIV, *fig.* 1.

Cristallisation de la Calcite, très nette autour de l'organisme et dans les loges.

Grossissement : environ $\frac{15}{1}$. — Cliché 236. — Échantillon 83.

Fig. 2. — Détail de la préparation représentée *Pl.* XIV, *fig.* 3, région B.

Même organisme; même cristallinité.

Grossissement : $\frac{15}{1}$. — Cliché 225. — Échantillon 83.

Fig. 3. — Détail de la région G de la préparation représentée *Pl.* XIV, *fig.* 3.

Grossissement : environ $\frac{15}{1}$. — Cliché 231. — Échantillon 83.

Fig. 4. — Détail de la région F de la préparation représentée *Pl.* XIV, *fig.* 3.

Grossissement : $\frac{19}{1}$. — Cliché 230. — Échantillon 83.

Ces quatre figures représentent les restes d'une sorte d'organisme très fréquent dans les Calcaires de l'Échaillon. Il mériterait de faire l'objet d'une étude spéciale. — Considéré par certains botanistes comme pouvant se rapporter au règne végétal (Sporanges d'Algues Floridées calcaires), il peut également être rapproché des Bryozaires. Les documents dont nous disposons ne permettent pas de trancher cette question, dont la solution réclame des recherches approfondies.

PLANCHE XVI.

Calcaires récifaux du Jurassique supérieur. — L'Échaillon (Isère).

Les figures de cette Planche représentent toutes des détails d'un même échantillon. Elles montrent divers exemples d'un organisme très abondant dans le Calcaire de l'Échaillon. Ces restes, qui appartiennent probablement à des Bryozoaires, ont été rapprochés par certains auteurs de Fructifications d'Algues.

Fig. 1. — Détail de la préparation figurée *Pl.* XIV, *fig*. 1; région E. — Bryozoaire?

Grossissement : environ $\frac{24}{1}$. — Cliché 239. — Échantillon 83.

Fig. 2. — Détail de la région C de la préparation figurée *Pl.* XIV, *fig*. 1. — Bryozoaire?

Grossissement : $\frac{63}{1}$. — Cliché 238. — Échantillon 83.

Fig. 3. — Détail de la région H de la préparation représentée *Pl.* XIV, *fig*. 3. — Recristallisation très apparente.

Grossissement : environ $\frac{61}{1}$. — Cliché 232. — Échantillon 83.

Fig. 4. — Détail de la région A de la préparation figurée *Pl.* XIV, *fig*. 3. — Bryozoaire? — Recristallisation très nette.

Grossissement : $\frac{74}{1}$. — Cliché 224. — Échantillon 83.

PLANCHE XVII.

Calcaires récifaux du Jurassique supérieur. — L'Échaillon (Isère).

———

Traces d'organismes semblables à ceux de la Planche précédente.
On aperçoit en outre très nettement les plages de Calcite provenant de
la recristallisation.

Fig. 1. — Détail de la région D de la préparation représentée *Pl.* XIV.
    fig. 3.

    Grossissement : environ $\frac{80}{1}$. — Cliché 228. — Échantillon 83.

Fig. 2. — Détail de la région D de la préparation représentée *Pl.* XIV,
    fig. 1.

    Grossissement : $\frac{45}{1}$. — Cliché 237. — Échantillon 83.

Fig. 3. — Détail de la région F de la préparation représentée *Pl.* XIV,
    fig. 1.

    Grossissement : $\frac{80}{1}$. — Cliché 234. — Échantillon 83.

Fig. 4. — Détail de la région A de la préparation représentée *Pl.* XIV,
    fig. 1.

    Grossissement : $\frac{43}{1}$. — Cliché 235. — Échantillon 83.

PLANCHE XVIII.

Calcaires récifaux du Jurassique supérieur. — L'Échaillon et Aizy (Isère).

— . .

Organismes divers contenus dans les Calcaires zoogènes de l'Échaillon et d'Aizy (Isère) appartenant au facies récifal du Portlandien.

Fig. 1. — Détail d'une préparation de la brèche coralligène d'Aizy-sur-Noyarey (Isère) (non orientée). — Recristallisation très nette.

Grossissement : environ $\frac{3}{1}$. — Cliché 109. — Échantillon 53.

(*Voir* l'ensemble de la préparation *Pl.* XXII.)

Fig. 2. — Détail d'une préparation du même échantillon. — Foraminifère (*Plecanium*). — Calcite recristallisée dans les loges.

Grossissement : environ $\frac{5}{1}$. — Cliché 113. — Échantillon 53.

Fig. 3. — Détail d'une préparation de la brèche coralligène d'Aizy.

Sections de *Foraminifères Miliolidés* dans un calcaire à débris, en partie cristallin, rappelant la structure des calcaires urgoniens.

Grossissement : $\frac{5}{1}$. — Cliché 90. — Échantillon 53.

(*Voir* les ensembles *Pl.* XXII.)

Fig. 4. — Détail de la région D de la préparation figurée *Pl.* XIV, *fig.* 3. — Calcaire de l'Échaillon.

Bryozoaire ?

Grossissement : environ $\frac{4}{1}$. — Cliché 227. — Échantillon 83.

— . —

PLANCHE XIX.

Brèche récifale d'Aizy (Jurassique supérieur).

Les deux figures de cette Planche donnent une bonne idée de la structure du calcaire grossier zoogène connu sous le nom de *brèche d'Aizy*. Il est intercalé dans les calcaires à *Hoplites privasensis* du Tithonique supérieur (Portlandien) d'Aizy, dans le voisinage des masses coralligènes de l'Échaillon, dont il représente une apophyse. Cette roche est formée d'un entassement de débris provenant d'un récif corallien peu éloigné.

Fig. 1. — Ensemble d'une préparation de la brèche coralligène d'Aizy. — Coupe verticale.

Grossissement : environ $\frac{14}{10}$. — Cliché 47. — Échantillon 56.

Fig. 2. — Ensemble d'une préparation de la brèche coralligène d'Aizy. — Parmi les débris de Polypiers, de Bivalves, etc., on remarque, en haut de la figure, une *section de Radiole* d'Échinide.

Grossissement : environ $\frac{24}{10}$. — Cliché 144. — Échantillon 56, le même que le précédent. Coupe A.

PLANCHE XX.

Brèche récifale d'Aizy (Jurassique supérieur).

Fig. 1. — Détail d'une partie de la préparation figurée *Pl. XIX, fig.* 1 (région en haut, à droite).

Organismes divers et fragments de calcaire zoogène englobés. — Débris organiques variés.

Grossissement : $\frac{21}{1}$. — Cliché 64. — Échantillon 56.

Fig. 2. — Détail d'une autre partie de la préparation *Pl. XIX, fig.* 1. — Fragment de Polypier (?).

Grossissement : $\frac{21}{1}$. — Cliché 66. — Échantillon 56.

PLANCHE XXI.

Brèche récifale d'Aizy (Jurassique supérieur).

———— - ...-

Les parties représentées sur cette Planche sont remarquables par
leur texture plus fine et par l'abondance des *Foraminifères*. Elles sont
à rapprocher de la structure caractéristique des Calcaires *urgoniens*
(*voir* plus bas les *Pl.* XLV, XLVII, XLIX). Ici, cette structure n'est
qu'accidentelle.

Fig. 1. — Détail d'une préparation de la brèche d'Aizy. — Coupe verticale.

On y remarque des *Foraminifères Miliolidés* assez nombreux et
une recristallisation partielle.

Grossissement : $\frac{7,3}{1}$. — Cliché 92. — Échantillon 53.

Fig. 2. — Détail d'une préparation de la brèche d'Aizy. — Coupe horizontale.

Foraminifères. — Recristallisation partielle.

Grossissement : $\frac{7,3}{1}$. — Cliché 95. — Échantillon 53.

Voir les Ensembles *Pl.* XXII.

——— -----

PLANCHE XXII.

Calcaires et brèches du Jurassique supérieur récifal.

Les trois figures donnent une bonne idée de la structure des Calcaires zoogènes plus ou moins grossiers, d'origine coralligène, du Jurassique supérieur, dans divers points des régions subalpines.

Fig. 1. — Ensemble d'une préparation de brèche récifale d'Aizy-sur-Noyarey (Isère). — Coupe horizontale.

Grossissement : environ $\frac{11}{10}$. — Cliché 42. — Échantillon 53.

Voir le détail *Pl.* **XXI,** *fig.* 2.

Fig. 2. — Ensemble d'une préparation de Calcaire blanc récifal de Moustiers-Sainte-Marie (Basses-Alpes). — Coupe verticale.

Grossissement : environ $\frac{11}{10}$. — Cliché 53. — Échantillon 59.

Fig. 3. — Ensemble d'une préparation de brèche récifale d'Aizy-sur-Noyarey (Isère). — Coupe verticale.

Grossissement : $\frac{11}{10}$. — Cliché 41. — Échantillon 53.

Voir le détail *Pl.* **XXI,** *fig.* 1.

PLANCHE XXIII.

Calcaires récifaux du Jurassique supérieur.

———

Ces figures sont destinées à mettre en évidence la structure des Calcaires zoogènes du Jurassique supérieur, appelés « *Calcaires blancs* »
dans la Haute-Provence.

Fig. 1. — Ensemble d'une préparation de Calcaire blanc récifal de Moustiers-Sainte-Marie (Basses-Alpes). — Coupe horizontale.

Grossissement : $\frac{21}{10}$. — Cliché 54. — Échantillon 59.

Voir Pl. XXII, *fig.* 2.

Fig. 2. — Ensemble d'une préparation de Calcaire gris clair, massif à Polypiers, de Costebelle, près Barcelonnette (¹) (Basses-Alpes).

La section oblique d'un Polypier traverse la préparation.

Grossissement : $\frac{21}{10}$ environ. — Cliché 153. — Échantillon 65. —
Coupe A.

(¹) Ce Calcaire se rencontre, en masses de recouvrement, dans la vallée de l'Ubaye :
il y forme les sommets de la Méa, des Siolanes, etc.

PLANCHE XXIV.

Calcaires récifaux du Jurassique supérieur.

———·—

On a figuré ici deux préparations d'un Calcaire formant, au Chevallon, à quelques kilomètres de la masse récifale de l'Echaillon, des
intercalations zoogènes lenticulaires dans les couches du Tithonique
supérieur de faciès vaseux, à Céphalopodes.

Fig. 1. — Ensemble d'une préparation taillée dans un Calcaire zoogène
formant un banc intercalé dans les Calcaires lithographiques
du Tithonique supérieur au Chevallon (Isère). — Coupe verticale (perpendiculaire à la stratification). H, haut du banc.
B, partie inférieure du banc.

Grossissement : $\frac{24}{10}$. — Cliché 19. — Échantillon 41.

Fig. 2. — Ensemble d'une préparation du même échantillon. — Coupe
horizontale (parallèle aux bancs).

Nombreux débris organisés.

Grossissement : $\frac{75}{10}$. — Cliché 20. — Échantillon 41.

———

PLANCHE XXV.

Calcaires du Jurassique supérieur alpin.

Cette Planche donne deux types assez différents des Calcaires tithoniques des Alpes françaises : le premier est un calcaire bréchiforme « *fausse brèche* » du Tithonique subalpin, le second est un marbre rose à *Aptychus* de la zone du Briançonnais.

Fig. 1. — Ensemble d'une préparation de Calcaire finement bréchoïde du Tithonique du Col de Cabre (Hautes-Alpes) [1]. — Coupe d'orientation indéterminée.

On y remarque la prédominance de l'élément amorphe (vaseux), son peu de cristallinité et l'existence de débris organiques assez nombreux.

Grossissement : $\frac{25}{10}$ environ. — Cliché 40. — Échantillon 52.

(*Voir* une autre coupe du même échantillon, *Pl.* XXXI, *fig.* 3).

Fig. 2. — Ensemble d'une préparation de Calcaire rose du Jurassique supérieur de la Montagne de Queyrellin, près Névache (Hautes-Alpes) [2]. — Coupe verticale.

Roche à structure fine, compacte, avec sections de Crinoïdes, d'Échinides et grande coupe d'*Aptychus* (groupe d'*Apt. punctatus* Voltz) et débris organiques plus menus. — La direction d'étirement, oblique au cadre de la figure, est bien visible. — Matière amorphe abondante.

Grossissement : $\frac{25}{10}$. — Cliché 334. — Échantillon 110.

[1] Au sujet de la nature de ces pseudobrèches, *voir* KILIAN et LEENHARDT, *Bulletin de la Société géologique de France*, 3ᵉ série, t. XXIII, p. 689 et 829; 1895.

[2] *Voir* KILIAN et REVIL, *Description géologique de la vallée de Valloire (Savoie)* (*Bull. Soc. d'Hist. nat. de Savoie*, 2ᵉ série, t. IV, p. 16: 1897-1898. Chambéry, 1899).

PLANCHE XXVI.

Calcaire du Jurassique supérieur alpin.

— — —

Type de marbres du Jurassique supérieur de la zone du Brian-
connais.

Fig. 1. — Ensemble d'une préparation de calcaire du Jurassique supérieur.
Environs de Champcella, près Montdauphin (Hautes-Alpes).
— Coupe verticale.

L'étirement de la roche par les actions mécaniques est visible.
Quelques filonnets de calcite.

Grossissement : $\frac{23}{10}$. — Cliché 341. — Échantillon 111.

Fig. 2. — Ensemble d'une préparation représentant une coupe horizontale du même échantillon que *fig.* 1. — Filonnets de calcite.

Grossissement : $\frac{23}{10}$. — Cliché 340. — Échantillon 111 (le même
que pour la figure précédente).

— — —

PLANCHE XXVII.

Brèches et calcaires du Jurassique alpin.

C'est par erreur que le titre de la Planche porte : Calcaires du *Jurassique supérieur alpin;* les deux premières figures reproduisent des préparations de la *brèche liasique* (brèche du Télégraphe)(¹). Cette assise
représente à elle seule l'ensemble du Jurassique inférieur dans une
grande partie du Briançonnais. La *fig.* 3 se rapporte à un échantillon
du Jurassique supérieur.

Fig. 1. — Ensemble d'une préparation de la brèche liasique de la montagne du Grand Galibier (brèche du Télégraphe). — Coupe
sans orientation déterminée.

On discerne nettement la structure zoogène de certains éléments de cette brèche et la nature compacte d'autres fragments.

Grossissement : environ $\frac{2}{1}$. — Cliché 169. — Échantillon 76.

Fig. 2. — Ensemble d'une préparation de la brèche liasique (brèche du
Télégraphe) de la montagne du Grand Galibier. — Coupe sans
orientation déterminée.

Structure analogue à celle de la figure précédente : fragments
de calcaires zoogènes (liasiques) et de calcaires plus ou moins
compacts; menus débris roulés.

Grossissement : environ $\frac{2}{1}$. — Cliché 170. — Échantillon 77.

Fig. 3. — Ensemble d'une préparation d'un calcaire du Jurassique supérieur à faciès compact « vaseux » de Bayasse, dans la vallée
du Bachelard, près Barcelonnette (Basses-Alpes). — Coupe
sans orientation déterminée.

Structure très fine; abondance de matière amorphe; filonnets
de calcite.

Grossissement : environ $\frac{2}{1}$. — Cliché 348. — Échantillon 116.

(¹) Au sujet de cette brèche, *voir* KILIAN, *Notes sur l'histoire et la structure des
chaînes subalpines de la Maurienne,* etc. (*Bull. Soc. géol. de France,* 3ᵉ série, t. XIX,
p. 602; 1891). — KILIAN et RÉVIL, *Description géol. de la vallée de la Valloire (Savoie
(Bull. Soc. d'Hist. nat. de Savoie,* 2ᵉ série, t. IV, p. 9; Chambéry, 1899).

PLANCHE XXVIII.

Calcaires et brèches du Jurassique supérieur alpin.

———·———

Exemples de structure de calcaires *roses* bréchoïdes du Jurassique Briançonnais du *type* dit « *Calcaires de Guillestre* ». La roche de la *fig.* 1 a subi en outre un laminage énergique qui a rendu schisteuses les portions du ciment marneux, rouge et vert, qui *moule* les noyaux calcaires.

Fig. 1. — Ensemble d'une grande préparation de calcaire rose bréchoïde du Jurassique supérieur de Revel, près Méolans, vallée de l'Ubaye (Basses-Alpes) (1). — Coupe sans orientation déterminée.

   On distingue très bien la nature essentiellement *zoogène* des fragments qui constituent cette brèche. — Le ciment, comprimé dans leurs interstices, sous l'effet des pressions subies par la roche, est opaque et amorphe.

   Grossissement : environ $\frac{3+5}{1}$. — Cliché 166. — Échantillon 73.

Fig. 2. — Détail de la région A de la préparation du calcaire bréchoïde jurassique supérieur de la montagne du Queyrellin, près Névache (Hautes-Alpes), représentée *Pl.* XXIX, *fig.* 1. — Coupe sans orientation déterminée.

   Au milieu d'un ciment rouge, amorphe et vaseux, se détachent des fragments de toute taille de calcaires zoogènes à structure nettement visible.

   Grossissement : $\frac{20}{1}$. — Cliché 393. — Échantillon 130.

   (*Voir* aussi *Pl.* XXV, *fig.* 2 et note.)

———————————

(1) W. KILIAN, *Comptes rendus de l'Académie des Sciences*, 1889.
   Calcaire brèche à pâte rose et à éléments de calcaire gris. Dans la pâte, il y a une substance chloriteuse en veines onduleuses qui entourent les éléments de la brèche.

———·———

PLANCHE XXIX.

Calcaires et brèches du Jurassique supérieur alpin.

———

Les trois figures de cette Planche montrent, à des grossissements divers, la structure des calcaires roses bréchoïdes « *marbres de Guillestre* » si particuliers qui représentent le Jurassique supérieur ([1]) dans la zone du Briançonnais.

Fig. 1. — Ensemble d'une préparation du calcaire rouge bréchiforme (Jurassique supérieur) de la montagne de Queyrellin, près Névache (Hautes-Alpes). — Coupe sans orientation déterminée. — A, B, C, régions figurées *Pl.* XXVII, *fig.* 1, et *Pl.* XXIX, *fig.* 2 et 3 à un plus fort grossissement.

Fragments de taille variée, de calcaire zoogène et de calcaire noir compact, reliés par un ciment rouge, amorphe et opaque.

Grossissement : environ $\frac{2,5}{1}$. — Cliché 329. — Échantillon 130.

Fig. 2. — Détail de la région B de la préparation précédente.

Cette figure représente le détail grossi d'un des fragments de calcaire zoogène qui constitue la brèche (à droite de la *fig.* 1). Il contient des spicules de Spongiaires.

Grossissement : environ $\frac{2,0}{1}$. — Cliché 393. — Échantillon 130.

Fig. 3. — Détail de la région C de la même préparation.

Le ciment opaque rouge de la préparation est figuré ici en noir. On voit dans ce ciment des morceaux épars de calcaire zoogène.

Grossissement : environ $\frac{2,0}{1}$. — Cliché 394. — Échantillon 130.

———

([1]) *Voir* W. KILIAN, *Notes sur l'histoire et la structure des chaînes alpines, etc.* (*Bul. Soc. géol. de Fr.*, 3ᵉ série, t. XIX, p. 613, et *Bull. Soc. géol. de France*, 3ᵉ série, t. XXIII, p. 687 ; 1895).

———

PLANCHE XXX.

Calcaires jurassiques divers.

On a réuni sur cette Planche des types variés de calcaires jurassiques extra-alpins. L'un d'eux (calcaire marneux berriasien de Vogüé) rappelle la structure de certaines Craies du bassin de Paris. Les autres sont intéressants à divers titres.

Fig. 1. - Détail d'une préparation du calcaire berriasien inférieur de Vogüé (Ardèche). — Coupe sans orientation déterminée.

On remarque un grand nombre de petites sections circulaires de *Foraminifères* uniloculaires de très petite taille (*Lagena?*) identiques à celles que le Professeur Steinmann a observées dans les calcaires crétacés des environs de Lugano (¹) et fort analogues à ceux qu'a signalés M. Cayeux dans la craie à *Inoceramus labiatus* du bassin de Paris (CAYEUX, *Thèse, Pl.* IX, *fig.* 1).

Grossissement : environ $\frac{40}{1}$. — Cliché 419. — Échantillon 119.

Fig. 2. -- Détail pris dans une préparation des calcaires blancs (Forest Marble), bathoniens de Besançon (Doubs).

Sections de Foraminifères.

Grossissement : environ $\frac{40}{1}$. — Cliché 254. — Échantillon 84.

(*Voir* aussi la *Pl.* X.)

Fig. 3. -- Ensemble d'une préparation du calcaire blanc compact du Séquanien inférieur de Reuchenette près Sonceboz (Jura bernois) (M. Rollier).

Un peu à droite et en haut du milieu de la préparation, on remarque des traces de structure organisée qui correspondent sur l'échantillon à des apparences zonées et mamelonnées (Codiacées?) (²). Il serait intéressant de les examiner à un plus fort grossissement.

Grossissement : environ 2,5. — Cliché 177. — Échantillon 86.

(¹) SCHMIDT et STEINMANN, *Umgebung von Lugano*, p. 69. (*Eclogæ geol. Helvetiæ.* t. II, n° 1; 1890.)

(²) A rapprocher de *Boueïna* [G. STEINMANN, *Ueber* Boueïna, *eine fossile Alge aus der Familie der Codiaceen* (*Ber. Naturf. Gesellsch. Freiburg.-i.-Br.*, t. XI, 1, mai 1899)].

PLANCHE XXXI.

Calcaires jurassiques divers.

Types compacts et finement bréchoïdes du facies vaseux.

Fig. 1. — Ensemble d'une préparation du calcaire compact (facies va-
    seux) du Jurassique supérieur de Bayasse, près Barcelon-
    nette (Basses-Alpes). — Coupe verticale (perpendiculaire à la
    stratification). Le haut de la figure correspond à la partie su-
    périeure du banc.

   Grossissement : $\frac{2,1}{1}$. — Cliché 358. — Échantillon 127.

Fig. 2. — Ensemble d'une préparation du même calcaire. Coupe horizon-
    tale.

   Grossissement : $\frac{2,1}{1}$. — Cliché 359. — Échantillon 127.

Fig. 3. — Ensemble d'une préparation d'un calcaire finement bréchoïde
    du Tithonique du col de Cabre (Hautes-Alpes). — Coupe
    verticale.

   Exemple de fausse brèche, due à une agglomération de petits
    rognons; quelques débris organisés; spicules (?) de Spon-
    giaires (?).

   Grossissement : $\frac{2,5}{1}$. — Cliché 39. — Échantillon 52.

   (*Voir* la coupe horizontale du même échantillon, *Pl.* **XXV**, *fig.* 1.)

PLANCHE XXXII.

Calcaires à Foraminifères du Barrémien.

Les deux figures de cette Planche représentent des détails de la structure des *Rognons à Orbitolines* qui se montrent non loin de Montclus (Hautes-Alpes), intercalés au sommet des couches à Céphalopodes du Barrémien ([1]). On voit que ces rognons offrent déjà la structure et les Foraminifères Miliolidés caractéristiques du *faciès urgonien* dont ils représentent un témoin au milieu d'une série de dépôts de faciès vaseux.

Fig. 1. — Détail d'une préparation des Calcaires rognonneux à Orbitolines de Montclus (Hautes-Alpes) (Barrémien supérieur). — Coupe verticale.

Au centre, une section de Foraminifères du groupe des *Miliolidæ*.

Grossissement : $\frac{3}{4}$ environ. — Cliché 80. — Échantillon 46.

Fig. 2. — Détail d'une autre préparation du même échantillon. — Coupe horizontale.

Vers le centre, organisme indéterminé.

Grossissement : $\frac{7}{4}$. — Cliché 83. — Échantillon 46.

([1]) KILIAN, *Bull. Soc. géol. de France*, 3ᵉ série, t. XXIII, p. 760; 1895. — V. PAQUIER, *C. R. Acad. des Sc.*, 12 nov. 1898.

PLANCHE XXXIII.

Calcaires zoogènes du Barrémien.

————

Cette Planche et les suivantes sont consacrées à des préparations faites dans des Calcaires oolithiques et rognonneux (à Orbitolines) qui forment, à la Charce (¹) près de la Motte-Chalancon (Drôme), des *inter-calations* dans les couches vaseuses à Céphalopodes du Barrémien su-périeur. — Ces intercalations zoogènes constituent, dans cette région, le premier indice du *facies urgonien* qui envahit plus au Nord, dans le Vercors, une grande partie de l'Étage barrémien et tout l'Étage aptien.

Fig. 1. — Ensemble d'une préparation des Calcaires rognonneux du Bar-rémien supérieur de la Charce près la Motte-Chalancon (Drôme) montrant la structure zoogène. — Coupe horizontale.

Grossissement : $\frac{2}{1}$. — Cliché 134. — Échantillon 36. Coupe A.

(*Voir* les détails sur les Planches suivantes.)

Fig. 2. — Ensemble d'une autre préparation du même échantillon mon-trant la structure zoogène. — Coupe verticale.

Grossissement : $\frac{3}{4}$ environ. — Cliché 135. — Échantillon 36. Coupe B.

(*Voir* les détails grossis sur les Planches suivantes.)

———

(¹) KILIAN et LEENHARDT, *Bull. Soc. géol. de France*, 3ᵉ série, t. XVI, p. 54; 1888. — KILIAN, *Bull. Soc. géol. de France*, 3ᵉ série, t. XXIII, p. 748 et 751; 1895.

PLANCHE XXXIV.

Calcaires zoogènes du Barrémien.

(*Voir* la Planche précédente.)

Fig. 1. — Détail d'une partie de la préparation du Calcaire blanc sub-oolithique du Barrémien supérieur de la Charce (Drôme). — Coupe horizontale.

Cette figure met en évidence la structure nettement zoogène de cette roche : débris organisés roulés; ciment partiellement recristallisé.

Grossissement : $\frac{2}{1}$. — Cliché 105. — Échantillon 37.

Fig. 2. — Détail d'une préparation parallèle à celle qui est figurée *Pl.* XXXIII, *fig.* 2. — Même provenance que la précédente.

Section de Foraminifères *Miliolidés* (en haut, à gauche); sections d'*Obitolina* (vers le bas de la figure); débris d'*Algue calcaire* (?) (en bas et à gauche). — Organismes divers. — Ciment en partie recristallisé.

Grossissement : $\frac{2}{1}$. — Cliché 71. — Échantillon 36.

PLANCHE XXXV.

Calcaires zoogènes du Barrémien.

(*Voir* les Planches précédentes.)

Fig. 1. — Détail d'une portion de la préparation figurée *Pl.* XXXIII, *fig.* 2, de la même roche.

Miliolidées, Bryozoaire (à droite) et débris divers. — Ciment recristallisé.

Grossissement : $\frac{21}{1}$. — Cliché 72. — Échantillon 36.

Fig. 2. — Détail d'une partie de la préparation représentée *Pl.* XXXIII, *fig.* 1, Calcaire de la Charce (Drôme).

Structure zoogène : *Miliolidæ* et autres Foraminifères (*Textularia*); Orbitoline; débris divers. — Ciment recristallisé.

Grossissement : $\frac{31}{1}$. — Cliché 74. — Échantillon 36.

PLANCHE XXXVI.

Calcaires zoogènes du Barrémien.

(Voir les Planches précédentes.)

———

Fig. 1. — Détail d'une région de la préparation *Pl.* XXXIII, *fig.* 1, Calcaire de la Charce (Drôme).

Structure zoogène : débris organisés divers, *Miliolidæ*, etc. — Ciment calcaire recristallisé.

Grossissement : $\frac{3}{1}$. — Cliché 76. — Échantillon 36.

Fig. 2. — Autre détail de la même préparation.

Débris divers, une section d'*Orbitoline* et une section d'*Algue calcaire,* vers la droite de la figure, au-dessus de l'Orbitoline.

Même grossissement. — Cliché 77. — Échantillon 36.

———

PLANCHE XXXVII.

Calcaires zoogènes du Barrémien.

(*Voir* les Planches précédentes.)

––––––––––

Fig. 1. — Détail d'une partie de la préparation représentée *Pl.* XXXIII, *fig.* 1, Calcaire de la Charce (Drôme).

Structure zoogène : débris roulés d'organismes divers; une section de *Miliolidée*. — A, Algue calcaire. — Ciment recristallisé.

Grossissement : $\frac{24}{1}$. — Cliché 73. — Échantillon 36.

Fig. 2. — Détail d'une région de la préparation figurée *Pl.* XXXVIII, *fig.* 1.

Débris roulés divers. En A, côté gauche de la figure, une section d'*Algue calcaire* (?). — Ciment recristallisé.

Grossissement : environ $\frac{24}{1}$. — Cliché 103. — Échantillon 37.

––––––––––

PLANCHE XXXVIII.

Calcaires zoogènes du Barrémien.

(*Voir* les Planches précédentes.)

————

Coupes de la roche grumeleuse et zoogène, intercalée dans les assises vaseuses du Barrémien supérieur de la Charce (Drôme).

Fig. 1. — Ensemble d'une préparation du calcaire rognonneux du Barrémien supérieur de la Charce (Drôme), montrant la structure zoogène.

Grossissement : $\frac{1}{1}$. — Cliché 142. — Échantillon 37. — Coupe horizontale A.

Fig. 2. — Ensemble d'une autre préparation de la même roche.

Structure zoogène à débris roulés, très nette.

Grossissement : $\frac{1}{1}$. — Cliché 143. — Échantillon 37. — Coupe verticale B.

————

PLANCHE XXXIX.

Calcaires zoogènes du Barrémien.

(*Voir* les Planches précédentes.)

Fig. 1. — Détail d'une préparation de la roche représentée *Pl.* XXXVIII, *fig.* 1 et 2. — Coupe verticale.

Fragments organiques divers dont certains sont devenus le centre d'une *Oolithe.* — Ciment recristallisé.

Grossissement : $\frac{24}{1}$. — Cliché 99. — Échantillon 37.

Fig. 2. — Détail d'une préparation du même échantillon. — Coupe horizontale.

Débris organiques divers. Ciment recristallisé.

Grossissement : $\frac{24}{1}$. — Cliché 104. — Échantillon 37.

PLANCHE XL.

Polypier des Calcaires zoogènes du Barrémien.

––––––––

Les deux figures de cette Planche représentent deux sections, per-
pendiculaires l'une à l'autre, d'un Polypier contenu dans les intercalations zoogènes du Barrémien supérieur de la Charce (Drôme).

Fig. 1. — Ensemble d'une coupe faite dans un Polypier, englobé dans les
      calcaires zoogènes du Barrémien supérieur. La Charce (Drôme).
      — Coupe horizontale.

      Sur les bords de la préparation on voit des portions du calcaire
      zoogène encaissant.

      Grossissement : $\frac{2}{1}$. — Cliché 50. — Échantillon 57.

Fig. 2. — Ensemble de la coupe verticale du même échantillon.

      Même grossissement. — Cliché 49. — Échantillon 57.

––––––––

PLANCHE XLI.

Calcaires urgoniens du Jura méridional.

— —

Cette Planche, ainsi que les suivantes, est consacrée à montrer la structure des calcaires du facies dit *urgonien* qui envahit, dans le Nord du Dauphiné, la partie supérieure du Barrémien et tout l'étage Aptien. Ce facies ne mérite pas l'épithète de *coralligène*; il est surtout représenté par des calcaires à Foraminifères, des calcaires zoogènes, des calcaires *oolithiques; les débris de Polypiers y sont rares.*

Fig. 1. — Détail d'une préparation du Calcaire blanc oolithique urgonien de la Cluse de Chaille, près Saint-Béron (Savoie). — Coupe horizontale.

Structure oolithique très nette : au centre des Oolithes débris organisés; à gauche on voit une *Miliole.* A la périphérie des Oolithes, une croûte calcaire fibro-radiée. — Ciment recristallisé.

Grossissement : $\frac{21}{1}$. — Cliché 305. — Échantillon 93.

Fig. 2. — Autre détail de la même préparation.

Structure oolithique comme dans la *fig.* 1, encore plus nette; quelques débris organisés roulés.

Même grossissement. — Cliché 303. — Échantillon 93.

Fig. 3. — Autre détail de la même préparation.

Structure oolithique. — Débris organisés au centre des Oolithes.

Grossissement : $\frac{31}{1}$. — Cliché 304. — Échantillon 93.

Fig. 4. — Autre détail de la même préparation.

Oolithes. — A gauche, on remarque un noyau entouré de loges qui semblent indiquer qu'il s'agit d'un Foraminifère dont la partie centrale est modifiée par la production de croûtes calcaires phytogènes. — Ciment recristallisé.

Grossissement : $\frac{31}{1}$. — Cliché 306. — Échantillon 93.

Calcaires urgoniens du Jura méridional.

———

Structure oolithique de certains Calcaires urgoniens.

Fig. 1. — Détail d'une préparation de Calcaire oolithique urgonien de la Cluse de Chaille, près Saint-Béron (Savoie). — Coupe verticale.

Oolithes et débris organisés *roulés.* — Ciment cristallisé.

Grossissement : $\frac{2,1}{1}$. — Cliché 318. — Échantillon 93 (le même que pour les *fig.* 1 à 4 de la *Pl.* XLI et *Pl.* XLIV, *fig.* 1).

Fig. 2. — Détail de la même préparation.

Oolithes à centre organisé et à croûtes calcaires concentriques de structure radiée; débris organisés roulés, ciment cristallisé.

Même grossissement. — Cliché 316. — Échantillon 93.

Fig. 3. — Détail d'une région de la même préparation.

Structure oolithique.

Même grossissement. — Cliché 314. — Échantillon 93.

Fig. 4. — Détail d'une coupe horizontale du même échantillon.

Structure oolithique; débris zoogènes roulés; ciment cristallisé.

Grossissement : $\frac{2,1}{1}$. — Cliché 312. — Échantillon 93.

———

PLANCHE XLIII.

Calcaires urgoniens du Jura méridional et de l'Isère (chaînes subalpines).

Structure zoogène des Calcaires urgoniens.

Fig. 1. — Ensemble d'une préparation du Calcaire urgonien inférieur de Fontaine (Isère). — Coupe sans orientation déterminée.

Plusieurs sections de Pélécypodes (Chamacées). Structure zoogène.

Les détails des régions A, B, C, D, E, G, H, I de cette préparation ont été examinés à un plus fort grossissement. Les régions I et F sont représentées *Pl.* XLIX, *fig.* 2, 3.

Grossissement : $\frac{2,7}{1}$. — Cliché 163. — Échantillon 71.

Fig. 2. — Ensemble d'une préparation de Calcaire urgonien de la Grotte des Échelles (Savoie). — Coupe sans orientation déterminée.

Structure zoogène très caractérisée.

Grossissement $\frac{2,7}{1}$ environ. — Cliché 204. — Échantillon 97.

PLANCHE XLIV.

Calcaires urgoniens du Jura méridional.

— ..

Structure oolithique de certains Calcaires urgoniens.

Fig. 1. — Ensemble d'une préparation du Calcaire urgonien de la Cluse de Chaille (Savoie). — Coupe verticale.

Structure oolithique très nette, avec quelques débris organisés de plus grande taille.

Grossissement : $\frac{2}{1}$. — Cliché 185. — Échantillon 93.

(*Voir* les détails de cette préparation, *Pl.* XLII, *fig.* 1, 2, 3.)

Fig. 2. — Ensemble d'une préparation de Calcaire urgonien de la Cluse de Chaille (Savoie).

Section de *Polypier* engagé dans une gangue de Calcaire oolithique.

Grossissement : $\frac{2}{1}$. — Cliché 188. — Échantillon 94. — Coupe B.

— ..

PLANCHE XLV.

Marno-calcaires urgoniens à Orbitolines (chaînes subalpines).

— · —

Il existe vers le milieu de la masse des Calcaires blancs urgoniens du Dauphiné une assise marno-calcaire à Orbitolines (premier niveau à Orbitolines), qui correspond au Barrémien supérieur ([1]), comme la couche rognonneuse de Montclus (*voir* plus haut). Les figures ci-contre montrent que cette assise est également *zoogène*. Outre les Orbitolines, on y trouve, à côté de débris divers, de nombreux *Foraminifères Miliolidés* et des *Algues calcaires* qui sont, en certains points, fort abondantes.

Fig. 1. — Détail d'une préparation de marno-calcaire à Orbitolines (Urgonien moyen = Barrémien supérieur) de Voreppe (Isère). — Coupe verticale.

Structure zoogène; *Foraminifères Miliolidés* assez nombreux; débris divers. — Une section d'*Algue calcaire* (un peu à gauche du diamètre vertical de la figure).

(*Voir* l'ensemble *Pl.* XLVIII, *fig.* 2.)

Grossissement : $\frac{32}{1}$. — Cliché 70. — Échantillon 42.

Fig. 2. — Détail d'une autre région de la même préparation.

Structure zoogène; nombreux débris : sections d'Algues (?), une coupe de Gastéropode, sections d'*Orbitolines* notamment en bas de la figure.

Même grossissement. — Cliché 68. — Échantillon 42.

···· — ·· · · — — ··

[1] V. PAQUIER, *Comptes rendus Ac. des Sciences*, 12 janvier 1898.

PLANCHE XLVI.

Calcaires urgoniens et barrémiens des chaînes subalpines.

—

Ces deux figures montrent l'abondance des *Algues calcaires* dans les marno-calcaires à Orbitolines et dans les bancs inférieurs (barré-miens) des calcaires urgoniens.

Fig. 1. — Détail d'une préparation des marno-calcaires à Orbitolines de Voreppe (Isère).

D'autres parties de cette préparation ont été représentées *Pl.* XLV, *fig.* 1 et 2.

Débris zoogènes divers plus ou moins roulés; en haut : section d'*Orbitolina;* quelques coupes d'*Algues* (?).

Grossissement : $\frac{21}{1}$ environ. — Cliché 69. — Échantillon 42.

Fig. 2. — Détail d'une préparation d'un calcaire barrémien à faciès zoo-gène de Châtillon-en-Diois (Drôme).

Sections d'*Algues calcaires* remarquablement nettes rappelant le genre *Munieria* Deecke du Crétacé de Bakony. — Ciment recristallisé.

Grossissement : $\frac{21}{1}$. — Cliché 447. — Échantillon 40 *bis* (com-muniqué par M. V. Paquier).

— — —

PLANCHE XLVII.

Calcaires urgoniens de l'Isère (région subalpine).

—— ·· ·

Toutes les figures de cette Planche, sauf la *fig.* 1, représentent des détails grossis de la structure des Calcaires blancs *urgoniens* typiques des environs de Grenoble.

On voit que ce sont des formations zoogènes à ciment cristallin, riches en *Foraminifères*, mais pauvres en débris de Polypiers.

Fig. 1. — Détail d'une coupe de marno-calcaire *urgonien* (assises moyennes de la couche inférieure à Orbitolines) recueillie dans le Clos Pellat, à Fontaine (Isère).

   Foraminifères Miliolidés nombreux; débris d'Algues calcaires moins nets; fragments organisés divers.

   Grossissement : $\frac{22}{1}$. — Cliché 299. — Échantillon 81. — Coupe B.

Fig. 2. — Détail d'une préparation du Calcaire blanc *urgonien* (Urgonien type) de la carrière de Fontaine (Isère).

   Sections d'Orbitolines et d'organismes divers. — Ciment recristallisé.

   Grossissement : $\frac{22}{1}$. — Cliché 325. — Échantillon 69. — Coupe B.

   (*Voir Pl.* XLVIII, *fig.* 1.)

Fig. 3. — Détail d'une portion du même Calcaire.

   Foraminifères Miliolidés et débris organiques divers dans un ciment recristallisé.

   Grossissement : $\frac{22}{1}$. — Cliché 322. — Échantillon 69. — Coupe A.

Fig. 4. — Détail d'une coupe du Calcaire blanc *urgonien* de la montagne de Ratz, près Voreppe (Isère). — Coupe horizontale, parallèle à la stratification.

   (*Voir Pl.* XLVII, *fig.* 1.)

   Section d'*Orbitoline* (*Orb. conoidea* A. Gras) au milieu de la préparation.

   Débris divers; ciment cristallisé.

   Grossissement : $\frac{22}{1}$. — Cliché 298. — Échantillon 89.

—·· ——— ·

PLANCHE XLVIII.

Calcaires urgoniens des chaines subalpines.

Structure zoogène de divers types *urgoniens*, soit calcaires (*fig.* 1),
soit marno-calcaires (couche inférieure à Orbitolines) (*fig.* 2).

Fig. 1. — Ensemble d'une préparation de Calcaire blanc *urgonien* typique.
à Requienies, de la carrière de Fontaine (Isère).

B. Section d'un test de Pélécypode (Chamacée) rempli d'une
gangue (A) de calcaire zoogène à ciment cristallin.

Grossissement : environ $\frac{2,4}{1}$. — Cliché 160. — Échantillon 69.
Coupe B.

(*Voir.* pour le détail, *Pl.* XLVII, *fig.* 2 et 3.)

Fig. 2. — Ensemble d'une préparation de marno-calcaire à Orbitolines
(Urgonien moyen, Barrémien supérieur) de Voreppe (Isère).

Structure zoogène; nombreuses sections d'*Orbitolines* et de
Foraminifères Miliolidés: Algues calcaires.

A, B, C, D, E, régions dont le détail a été examiné à un fort
grossissement et dont quelques-unes ont été reproduites
Pl. XLV, *fig.* 1, 2, et *Pl.* XLVI, *fig.* 1.

Grossissement : $\frac{2,3}{1}$. – Cliché 139. — Échantillon 42. — Coupe A.

PLANCHE XLIX.

Calcaires urgoniens des chaines subalpines.

Détails de structure montrant l'abondance des Foraminifères dans les Calcaires à facies urgonien.

Fig. 1. — Détail d'une préparation figurée *Pl.* XLVII, *fig.* 1. — Section d'un *Foraminifère Miliolidé.*

Grossissement : ⁵⁄₁ environ. — Cliché 286. — Échantillon 81. — Coupe A.

Fig. 2. — Détail d'une région de la préparation *Pl.* XLIII, *fig.* 1, du Calcaire *urgonien* de Fontaine (Isère).

Vers le milieu, une section de *Foraminifère Miliolidé.*

Grossissement : ⁴⁄₁. — Cliché 268. — Échantillon 71.

Fig. 3. — Détail d'une autre région de la même préparation.

Section de *Foraminifère Miliolidé;* ciment en partie recristallisé.

Grossissement : ⁵⁄₁. — Cliché 265. — Échantillon 71.

Fig. 4. — Détail d'une préparation de marno-calcaire *urgonien* de la montagne de Ratz (Isère), couche inférieure à Orbitolines. Coupe sans orientation déterminée.

Structure zoogène; organisme indéterminé et Orbitoline.

Grossissement : ²⁄₁. — Cliché 285. — Échantillon 79.

Fig. 5. — Détail d'une préparation du Calcaire blanc rosé à parties spathiques, *Urgonien inférieur* de la montagne de Ratz (Isère). — Coupe verticale (perpendiculaire à la stratification).

On aperçoit des sections de Foraminifères.

Grossissement : ⁷⁄₁. — Cliché 272. — Échantillon 72.

PLANCHE L.

Calcaire urgonien des chaînes subalpines de l'Isère.

Fig. 1. — Détail d'une préparation de l'Urgonien moyen de la montagne de Ratz (Isère) (Couche inférieure à Orbitolines).

Section d'Orbitoline dans une gangue zoogène, avec parties recristallisées.

Grossissement : $\frac{22}{1}$. — Cliché **282**. — Échantillon 79.

(*Voir Pl.* XLIX, *fig.* 4.)

Fig. 2. — Détail d'une région de la préparation du Calcaire blanc *urgonien* de Ratz (Isère). — Coupe verticale.

Ciment cristallisé; section d'organisme (Foraminifère? ou Bryozoaire?).

Grossissement : $\frac{80}{1}$. — Cliché **296**. — Échantillon 89.

(*Voir Pl.* XLVII, *fig.* 4.)

Fig. 3. — Détail d'une autre région de la préparation (*fig.* 1) de l'Urgonien moyen de Ratz (Isère).

Section d'Orbitoline (?). — Ciment recristallisé.

Grossissement : $\frac{22}{1}$. — Cliché **283**. — Échantillon 79.

(*Voir Pl.* XLIX, *fig.* 4, et *Pl.* L, *fig.* 1.)

Fig. 4. — Détail d'une région du Calcaire *urgonien* de Ratz (Isère). Coupe verticale.

Section d'*Orbitoline*.

Grossissement : $\frac{80}{1}$. — Cliché **294**. — Échantillon 89.

(*Voir Pl.* XLVII, *fig.* 4, et *Pl.* L, *fig.* 2).

PLANCHE LI.

Calcaires sénoniens des chaînes subalpines.

———————

Cette Planche et les suivantes mettent en évidence la structure des Calcaires sénoniens des régions subalpines et montrent la part importante que les *fragments de Bryozoaires* prennent à leur formation.

Fig. 1. — Ensemble d'une préparation de Calcaire sénonien supérieur (Aturien) de la nouvelle route de Sassenage à Engins (Isère).

Calcaire zoogène à débris organisés. Ce sont surtout des fragments de *Bryozoaires.*

Grossissement : $\frac{2 \cdot 5}{1}$. — Cliché 147. — Échantillon 33. — Coupe B.

Voir les détails *Pl.* **LII, LIII** et **LIV,** *fig.* 2.

Fig. 2. — Ensemble d'une autre préparation du même Calcaire; section perpendiculaire à la précédente.

Calcaire zoogène avec feutrage de *Bryozoaires;* débris organisés divers.

Grossissement : $\frac{2 \cdot 2}{1}$ — Cliché 146. — Échantillon 33. — Coupe A.

———————

H.   9

PLANCHE LII.

Calcaires sénoniens des chaînes subalpines.

— ---

Détails de structure; restes d'organismes divers.
Calcaires sénoniens, route d'Engins (Isère).

Fig. 1. — Détail d'une partie de la préparation dont l'ensemble est représenté *Pl.* LI, *fig.* 1.

Restes d'organismes indéterminés; ciment cristallisé.

Grossissement : environ $\frac{75}{1}$. — Cliché 119. — Échantillon 33.

Fig. 2. — Détail d'une partie de la préparation représentée *Pl.* LI, *fig.* 2.

La recristallisation de la masse a fait disparaître presque complètement les restes d'organismes figurés qui y sont contenus. L'organisme qui occupe la moitié inférieure de la figure est presque complètement effacé. Celui qui occupe la moitié supérieure est moins effacé.

Grossissement : environ $\frac{76}{1}$. — Cliché 111. — Échantillon 33.

--- -- ---

PLANCHE LIII.

Calcaires sénoniens des chaînes subalpines.

Détails de structure ; restes organisés.
Calcaires sénoniens, route d'Engins (Isère).

Fig. 1. — Autre détail d'une portion de la préparation représentée *Pl.* LI,
   fig. 1.

   Structure organisée.

   Grossissement : $\frac{5}{1}$. — Cliché 116. — Échantillon 33.

Fig. 2. — Autre détail de la même préparation.

   Restes organisés indéterminés et plages de calcite cristallisée.

   Grossissement : $\frac{7}{1}$. — Cliché 120. — Échantillon 33.

PLANCHE LIV.

Calcaires sénoniens des chaînes subalpines.

———

Ces figures mettent en évidence le fait que, malgré leur cristallinité apparente, les Calcaires du Sénonien supérieur (Aturien) des chaînes subalpines du Valentinois renferment, comme ceux de l'Isère, de nombreux débris organisés et surtout des restes de Bryozoaires.

Fig. 1. — Ensemble d'une préparation de Calcaire du Sénonien supérieur; Nord-Ouest de Gigors (Drôme).

Structure zoogène : feutrage de *Bryozoaires* et plages de calcite cristallisée.

Grossissement : $\frac{2.8}{1}$. — Cliché 35. — Échantillon 50.

Voir les détails *Pl.* **LV, LVI, LVII.**

Fig. 2. — Détail d'une portion de la préparation *Pl.* **LI**, *fig.* 1, Sénonien supérieur de la route d'Engins.

Débris d'organisme (Bryozoaire?) et plages de calcite.

Grossissement : $\frac{4.8}{1}$. — Cliché 121. — Échantillon 33.

———

PLANCHE LV.

Calcaires sénoniens des chaînes subalpines.

Détails.

Fig. 1. — Détail d'une portion de la préparation représentée *Pl.* LIV, *fig.* 1. Nord-Ouest de Gigors.

Structure nettement zoogène; débris de Bryozoaires et organismes divers; ciment recristallisé.

Grossissement : $\frac{2}{1}$. — Cliché 133. — Échantillon 50.

Fig. 2. — Autre détail de la même préparation.

Même grossissement. — Cliché 132. — Échantillon 50.

PLANCHE LVI.

Calcaires sénoniens des chaînes subalpines.

------- — --

Exemples typiques de calcaires sénoniens à Bryozoaires et Foraminifères.

Fig. 1. — Détail d'une région de la préparation représentée *Pl.* LIV, *fig.* 1. — Sénonien de Gigors.

Bel exemple de structure zoogène à *Bryozoaires*.

Grossissement : $\frac{23}{1}$. — Cliché 126. — Échantillon 50.

Fig. 2. — Autre détail de la même préparation.

Plages de Calcite cristallisée; *Bryozoaires*. En A, à droite de la figure, une section de Foraminifère (*Textularia*).

Même grossissement. — Cliché 123. — Échantillon 50.

------- — -- —

PLANCHE LVII.

Calcaires sénoniens des chaînes subalpines.

———

Exemples typiques des calcaires zoogènes à Bryozoaires très fréquents dans le Sénonien supérieur (Aturien) du Dauphiné.

Fig. 1. — Autre détail d'une région de la préparation représentée *Pl.* LIV, *fig.* 1.

Bel exemple de *Bryozoaires* formant feutrage.

Grossissement : $\frac{23}{1}$. — Cliché 128. — Échantillon 50.

Fig. 2. — Détail d'une autre région de la préparation figurée *Pl.* LIV, *fig.* 1.

Autre exemple de *Bryozoaire* et débris divers; ciment recristallisé.

Même grossissement. — Cliché 129. — Échantillon 50.

PLANCHE LVIII.

Calcaires sénoniens des chaînes subalpines.

— ·· — · ·· —

Structure zoogène à Bryozoaires et Foraminifères.

Fig. 1. — Détail d'une préparation du Calcaire crétacé supérieur de la Gourre près Séderon (Drôme) [1].

Structure zoogène. Débris de Bryozoaires.

Grossissement : $\frac{2.0}{1}$. — Cliché 368 (528). — Échantillon 1.

Fig. 2. — Autre détail de la même préparation.

Ciment recristallisé; quelques débris organisés; en A, section de *Foraminifère Rotalidé*.

Même grossissement. — Cliché 369. — Échantillon 1.

Fig. 3. — Détail d'une partie de la préparation représentée *Pl.* LIV, *fig.* 1. Calcaire du Sénonien supérieur Nord-Ouest de Gigors (Drôme).

Structure zoogène. A, Bryozoaires abondants; quelques Foraminifères.

Grossissement $\frac{2.2}{1}$. — Cliché 130. — Échantillon 50.

---

[1] W. KILIAN et M. HOVELACQUE, *Bull. Soc. géol. de France,* 3ᵉ série, t. XXIII, p. 859, 1895.

———

PLANCHE LIX

Calcaires sénoniens des chaines subalpines.

———

Cette Planche montre la présence de Bryozoaires dans les calcaires blanc grisâtre cristallins du Sénonien supérieur (Aturien) de Saint-Jean-de-Couz (Savoie).

Fig. 1. — Ensemble d'une préparation des calcaires sénoniens (Lauzes) de Saint-Jean-de-Couz (Savoie). — Coupe horizontale (parallèle à la stratification).

Structure finement zoogène, à *Bryozoaires;* quelques Foraminifères.

Grossissement $\frac{2}{1}$2. — Cliché 203. — Échantillon 96.

Fig. 2. — Ensemble de la coupe verticale du même échantillon.

Même structure. Elle est moins facilement visible que dans la coupe horizontale.

Grossissement $\frac{2.5}{1}$. — Cliché 202. — Échantillon 96.

———

PLANCHE LX.

Calcaires sénoniens.

--- ...

La figure 1 appartient au type du Sénonien à Bryozoaires des environs de Grenoble. — La figure 2 représente un autre type, celui des Calcaires crayeux des Basses-Alpes, faciès vaseux du Crétacé supérieur.

Fig. 1. — Détail d'une région de la préparation *Pl.* LI, *fig.* 1. — Sénonien; route d'Engins.

Organisme indéterminé. — Plages de Calcite.

Grossissement : $\frac{13}{1}$. — Cliché 115. — Échantillon 33.

Fig. 2. — Détail d'une préparation du Calcaire sénonien en plaquettes de la montagne de Cordœil près Thorame dans le bassin du Verdon (Basses-Alpes). — Coupe horizontale.

Structure analogue *à celles de certaines Craies* du Bassin de Paris : nombreuses sections de spicules calcifiés de Spongiaires et peut-être aussi de Foraminifères uniloculaires recristallisés (Lagénides).

Grossissement : $\frac{48}{1}$. — Cliché 389. — Échantillon 102.

Voir plus haut, *Pl.* XXIX et XXV.

PLANCHE LXI.

Calcaire sénonien à Spongiaires des Basses-Alpes.

———

Fig. 1. — Coupe horizontale d'un Calcaire sénonien à Spongiaires
d'Hyèges (Basses-Alpes).

On reconnaît nettement les Oscules (A) et le système canalifère.

Grossissement : $\frac{3}{4}$ environ. — Cliché 51. — Échantillon 58 A.

Fig. 2. — Coupe verticale du même échantillon.

A, oscules; B, tissu canalifère; C, organismes (?) (recristallisés)
dans la gangue fine et vaseuse du Calcaire. A gauche,
quelques spicules épars dans cette gangue.

Même grossissement. — Cliché 52. — Échantillon 58B.

———

PLANCHE LXII.

Calcaires divers (Crétacé, Tertiaire).

———

Fig. 1. — Ensemble d'une préparation d'un Calcaire blanc coquillier à *Pachydiscus peramplus* d'Orb. (Turonien) de Plewna, Bulgarie.

Débris organisés nombreux; fragments de calcite cristalline; matière amorphe abondante.

Grossissement : $\frac{2}{1}$. — Cliché 207. — Échantillon 100.

Fig. 2. — Ensemble d'une préparation de la brèche aquitanienne lacustre de Vimines près Chambéry (Savoie).

A, fragment de Calcaire urgonien (zoogène); B, couche rouge concrétionnée entourant les éléments de la Brèche et se confondant avec le ciment. Les fragments de roche sont comme *pralinés* par cet enduit rouge et calcaire.

Grossissement : $\frac{2}{1}$. — Cliché 181. — Échantillon 90. — Coupe B.

Voir pour le détail *Pl.* LXIII, *fig.* 2.

———

PLANCHE LXIII.

Calcaires divers (Purbeckien, Aquitanien, etc.).

— — · ·

Fig. 1. — Détail d'une préparation faite dans un *caillou noir* des intercalations lacustres (Purbeckien) du Jurassique supérieur de la Cluse de Chaille (Savoie).

Le corps B rappelle la forme d'une graine de *Chara*, mais cette assimilation est douteuse, d'après les botanistes qui ont examiné la préparation.

Grossissement : $\frac{13}{1}$. — Cliché 249. — Échantillon 95.

Fig. 2. — Détail de la coupe d'un fragment de Calcaire urgonien contenu dans la brèche aquitanienne lacustre de Vimines (Savoie).

On reconnaît la structure zoogène et les Foraminifères Miliolidés (A) habituels à l'Urgonien.

Grossissement : $\frac{13}{1}$. — Cliché 258. — Échantillon 90.

Voir Pl. LXII, fig. 2.

Fig. 3. — Ensemble d'une préparation des brèches calcaires à petits éléments de la vallée du Bachelard près Barcelonnette (Basses-Alpes) (Crétacé supérieur?).

On distingue, dans une pâte amorphe, de menus fragments et quelques gros débris (A) de Calcaire zoogène.

Grossissement : $\frac{2,5}{1}$. — Cliché 346. — Échantillon 105.

———————

PLANCHE LXIV.

Calcaires nummulitiques des Alpes.

Cette Planche et les suivantes sont consacrées à la structure des calcaires du niveau à *Nummulites perforata* Lamk., Éocène moyen, de la région de l'Ubaye (Basses-Alpes). On y voit que ces roches sont formées de restes de Nummulites à l'exclusion presque totale d'autres organismes.

Fig. 1. — Ensemble d'une préparation des Calcaires gris brun à *Nummulites perforata* (Éocène moyen) de l'Alpe de Talon au Sud de Barcelonnette (Basses-Alpes). — Coupe verticale perpendiculaire aux strates.

H, haut; B^s, bas; A, B, C, D, régions dont le détail est représenté plus bas (*Pl.* LXV, LXVI, LXVII).

Grossissement : $\frac{2,6}{1}$. — Cliché 330. — Échantillon 104.

Fig. 2. — Ensemble d'une coupe horizontale (parallèle aux strates) du même échantillon.

Nombreuses sections de *Nummulites*.

Grossissement $\frac{2,6}{1}$. — Cliché 331. — Échantillon 104.

PLANCHE LXV.

Calcaires nummulitiques des Alpes.

—— ———

Couches du niveau à *Nummulites perforata* Lamk. Éocène moyen de la région de l'Ubaye.

Fig. 1. — Détail de la préparation représentée *Pl.* LXIV, *fig.* 1, région D.

Section verticale d'une Nummulite.

Grossissement : $\frac{23}{1}$. — Cliché 400. — Échantillon 104.

Fig. 2. — Détail d'une portion de la préparation représentée *Pl.* LXIV, *fig.* 2.

Coupe horizontale d'une Nummulite. Recristallisation visible dans la loge centrale (*Mégasphère*).

Grossissement : $\frac{23}{1}$. — Cliché 404. — Échantillon 104.

Fig. 3. — Détail de la région C de la préparation reproduite *Pl.* LXIV, *fig.* 1.

Coupes de Nummulites; au centre, section d'un corps indéterminé.

Grossissement : $\frac{27}{1}$. — Cliché 398. — Échantillon 104.

Fig. 4. — Détail de la région B de la préparation représentée *Pl.* LXIV, *fig.* 1.

Grossissement : $\frac{23}{1}$. — Cliché 398. — Échantillon 104.

—— ———

PLANCHE LXVI.

Calcaires nummulitiques des Alpes.

—

Couches du niveau à *Nummulites perforata* Lamk. Éocène moyen, étage Bartonien, de la région de l'Ubaye.

Fig. 1. — Détail d'une partie de la préparation représentée *Pl.* LXIV, *fig.* 2.

Sections de Nummulites. En A, on voit les papilles; un autre échantillon, en haut à droite, montre les filets cloisonnaires.

Grossissement : $\frac{23}{1}$. — Cliché 401. — Échantillon 104.

Fig. 2. — Détail de la région A de la préparation représentée *Pl.* LXIV, *fig.* 1.

Sections de Nummulites.

Grossissement : $\frac{23}{1}$. — Cliché 396. — Échantillon 104.

Fig. 3. — Détail d'une portion de la préparation représentée *Pl.* LXIV, *fig.* 2.

Section de Nummulite.

Grossissement : $\frac{23}{1}$. — Cliché 410. — Échantillon 104.

Fig. 4. — Détail d'une portion de la préparation *Pl.* LXIV, *fig.* 2.

Grossissement : $\frac{23}{1}$. — Cliché 401. — Échantillon 104.

———

PLANCHE LXVII.

Calcaires nummulitiques des Alpes.

———

Couches à *Nummulites perforata* de la région de l'Ubaye.

Fig. 1. — Détail d'une partie de la préparation représentée *Pl.* LXIV,
  fig. 2.

  Sections diverses de Nummulites.

  Grossissement : $\frac{22}{1}$. — Cliché 402 *bis*. — Échantillon 104.

Fig. 2. — Détail d'une autre région de la même préparation.

  Sections de Nummulites. A droite de la figure, un autre Foraminifère.

  Même grossissement. — Cliché 403. — Échantillon 104.

Fig. 3. — Autre détail de la même préparation.

  Sections de Nummulites; l'une montre les filets cloisonnaires.

  Même grossissement. — Cliché 402. — Échantillon 104.

Fig. 4. — Autre détail de la même préparation.

  Même grossissement. — Cliché 406. — Échantillon 104.

———

PLANCHE LXVIII.

Calcaires nummulitiques des Alpes.

————

Calcaires à petites Nummulites de l'Éocène supérieur (Priabonien) des Basses-Alpes.

A côté des Nummulites, on remarque dans cette roche des restes organisés de nature diverse. Il y a aussi de nombreux débris spathiques dans un ciment amorphe.

Fig. 1. — Détail de la région A de la préparation représentée *Pl.* LXVIII, *fig.* 3. Calcaire à Nummulites (Priabonien) de Colmars (Basses-Alpes).

Grossissement : $\frac{21}{1}$. — Cliché 223. — Échantillon 60.

Fig. 2. — Détail d'une portion d'une autre préparation du même Calcaire. — Coupe perpendiculaire à la précédente.

Bryozoaire?

Grossissement : $\frac{21}{1}$. — Cliché 216. — Échantillon 60.

Fig. 3. — Ensemble d'une coupe horizontale du Calcaire gris en plaquettes, à petites Nummulites (Priabonien), de Colmars (Basses-Alpes).

A, B, C, D, E régions dont le détail a été figuré *Pl.* LXVIII et LXIX.

Grossissement : $\frac{25}{6}$. — Cliché 149. — Échantillon : 60.

——— —

PLANCHE LXIX.

Calcaires nummulitiques des Alpes.

———

Fig. 1. — Calcaire à petites Nummulites (Priabonien) de Colmars (Basses-Alpes); détail de la région B de la préparation représentée *Pl.* LXVIII, *fig.* 3.

Nummulite.

Grossissement : $\frac{1 1}{1}$. — Cliché 208. — Échantillon 60.

Fig. 2. — Détail de la région D de la même préparation.

Section d'organisme indéterminé.

Même grossissement. — Cliché 213. — Échantillon 60.

Fig. 3. — Détail de la région E de la même préparation.

Organisme indéterminé.

Grossissement : $\frac{2 1}{1}$. — Cliché 218. — Échantillon 60.

Fig. 4. — Détail d'une autre préparation de la même roche.

Section d'organisme à rapprocher des *fig.* 2 et 3, *Pl.* I, de l'Hettangien de Vernoux.

Grossissement : $\frac{2 1}{1}$. — Cliché 221. — Échantillon 60.

Fig. 5. — Détail de la région C de la préparation représentée *Pl.* LXVIII, *fig.* 3.

Section de Nummulite.

Grossissement : $\frac{2 1}{1}$. — Cliché 211. — Échantillon 60.

Fig. 6. — Détail d'une autre préparation de la même roche.

Fragment d'organisme indéterminé.

Grossissement : $\frac{2 1}{1}$. — Cliché 222. — Échantillon 60.

——————

Fig. 1.

Fig. 2.

Fig. 3.

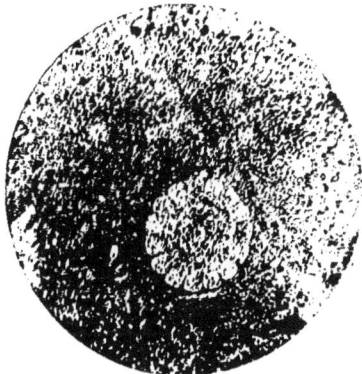

CALCAIRE INFRALIASIQUE

DE VERNOUX (ARDÈCHE)

Fig. 1.

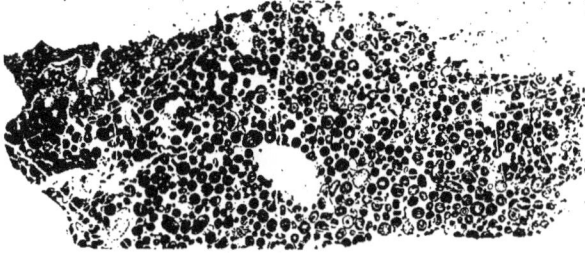

Fig. 2.

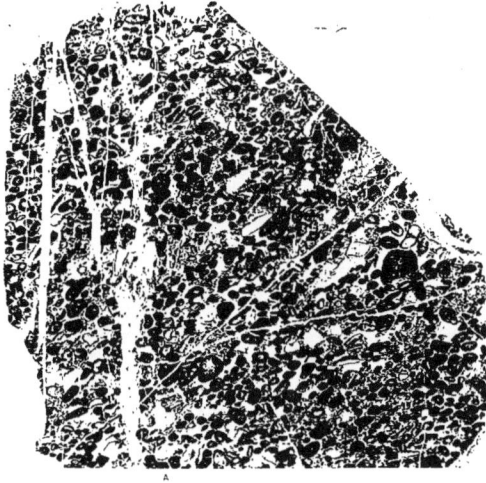

Fig. 3.

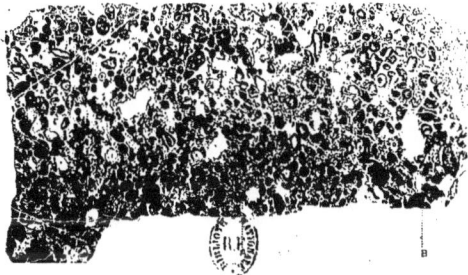

CALCAIRES LIASIQUES

DES ALPES.

Fig 1.

Fig 2.

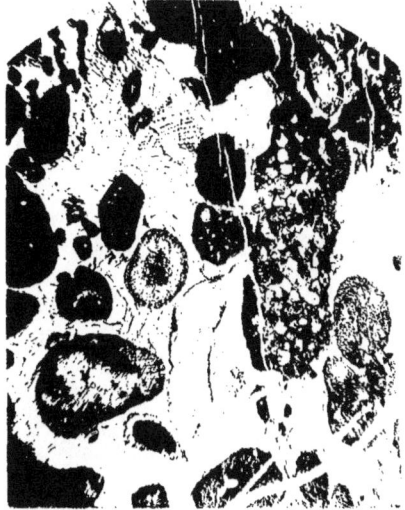

Fig. 3

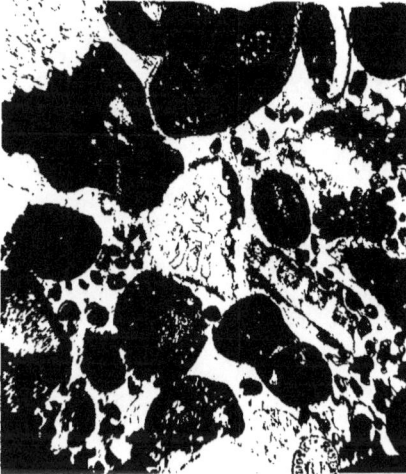

Fig. 4

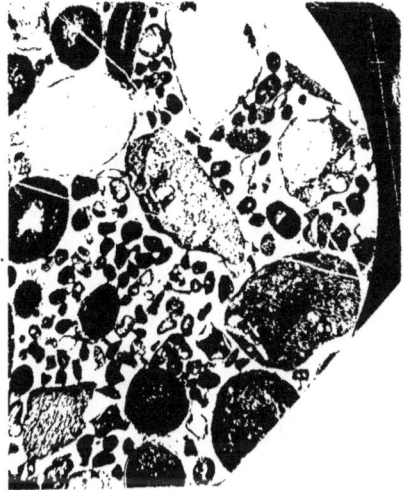

CALCAIRES LIASIQUES

DES ALPES.

Fig. 1.

Fig. 2.

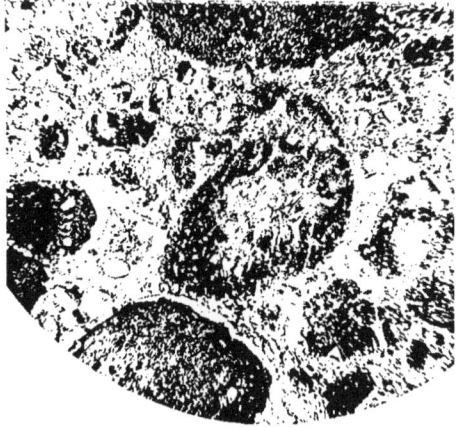

Fig. 3.

Fig. 4.

CALCAIRES LIASIQUES

DES ALPES.

Fig. 1.

Fig. 2.

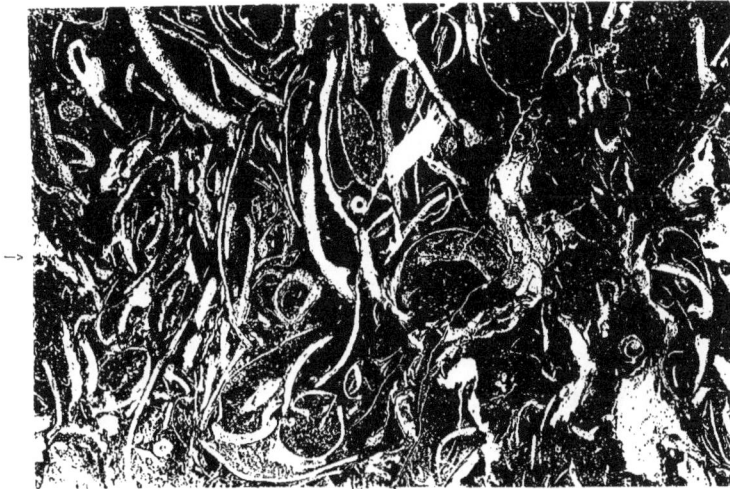

CALCAIRES LIASIQUES

DES ALPES.

Fig. 1.

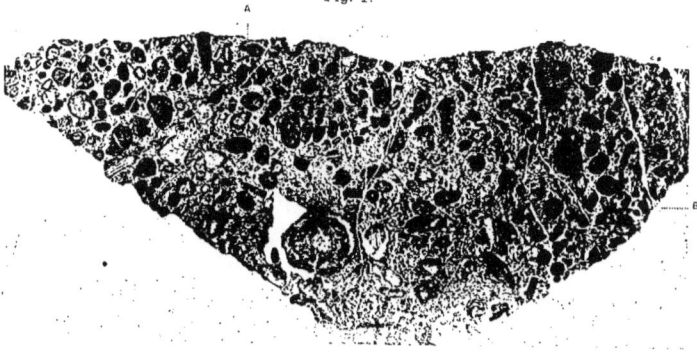

Fig. 2.

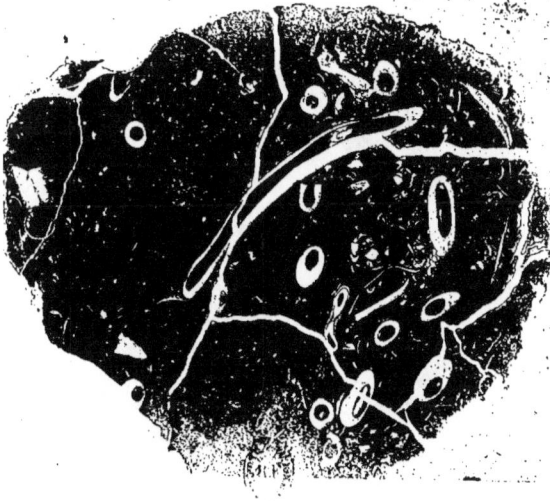

CALCAIRES LIASIQUES

DES ALPES.

Fig. 1.

Fig. 2.

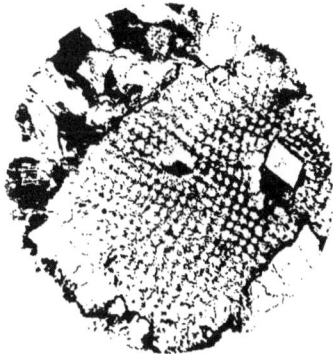

Fig. 3.

CALCAIRES - BRÈCHES

DU LIAS ALPIN.

Fig. 1.

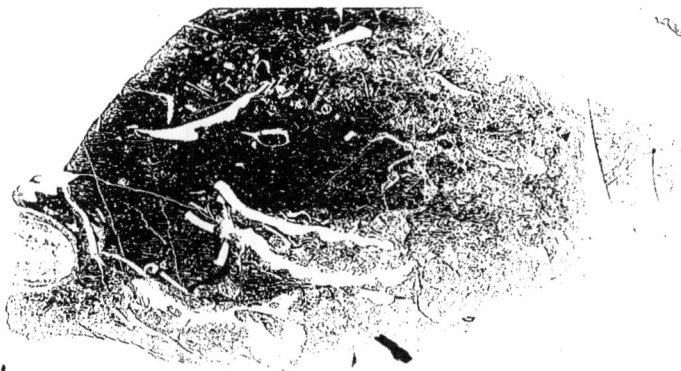

Fig. 2.

Fig. 3.

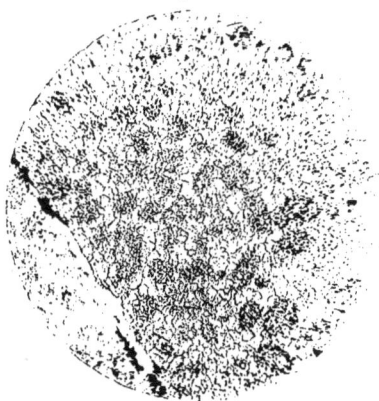

CALCAIRES MÉDIOJURASSIQUES

DES ALPES.

Fig. 1.

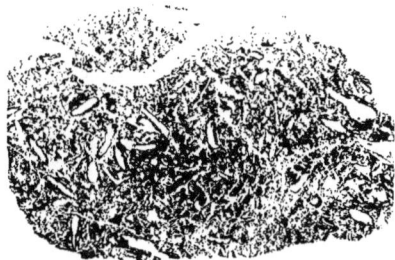

Fig. 2.

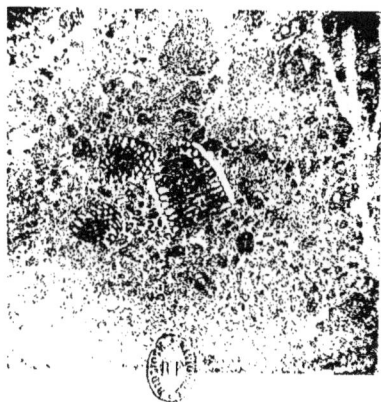

CALCAIRES DE PANESTREL.

(H^TE UBAYE)

Fig. 4.

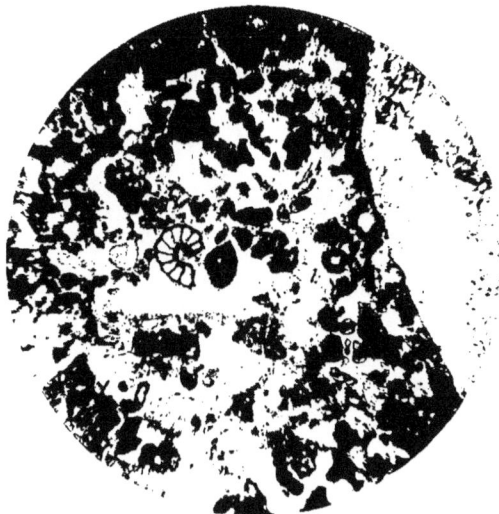

Fig. 1.

Fig. 2.

Fig. 3.

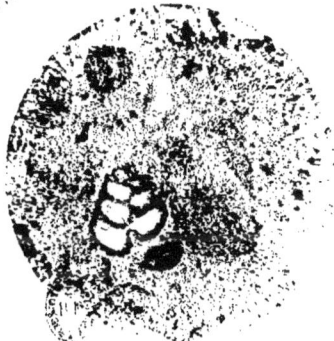

CALCAIRES JURASSIQUES DIVERS.

(BATHONIEN & PORTLANDIEN).

Fig. 1.

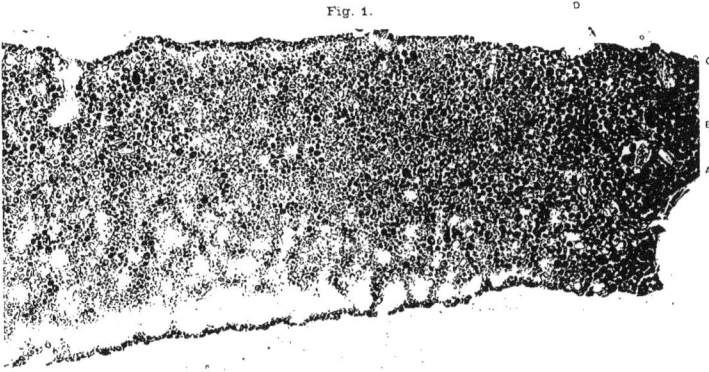

Fig. 2.

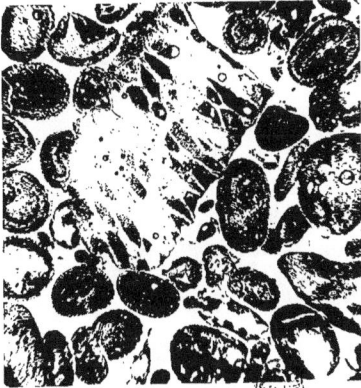

Fig. 3.

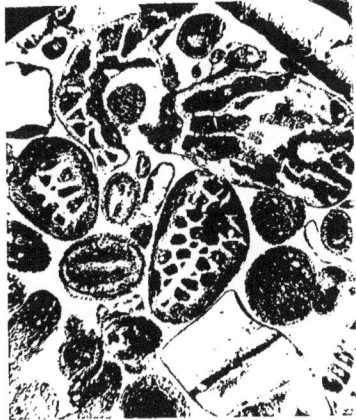

CALCAIRE OOLITHIQUE

DU BATHONIEN FRANC-COMTOIS.

Fig. 1.

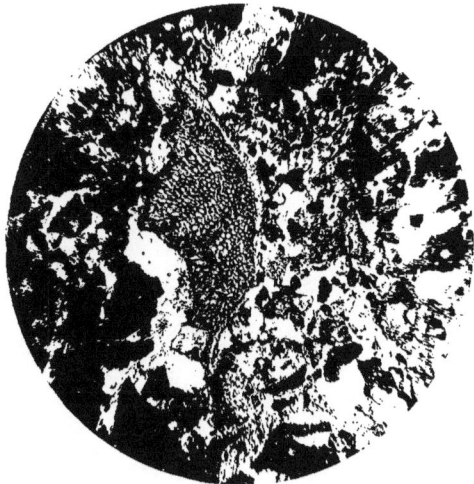

Fig. 2.

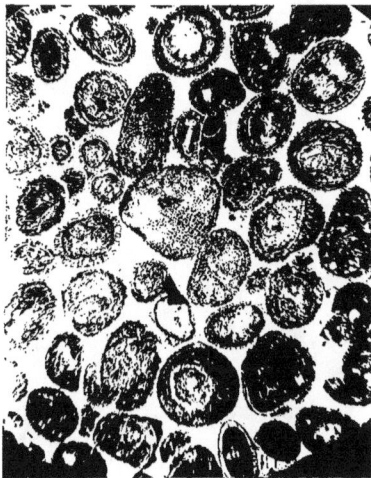

Fig. 3.

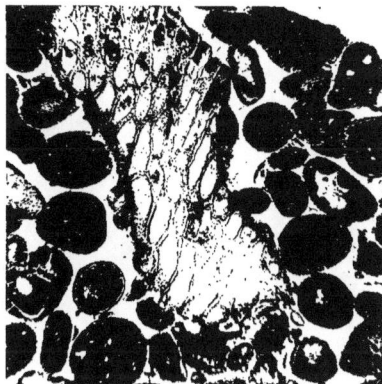

CALCAIRES JURASSIQUES DIVERS

BATHONIEN & PORTLANDIEN

EXTRAALPINS.

Fig. 1.

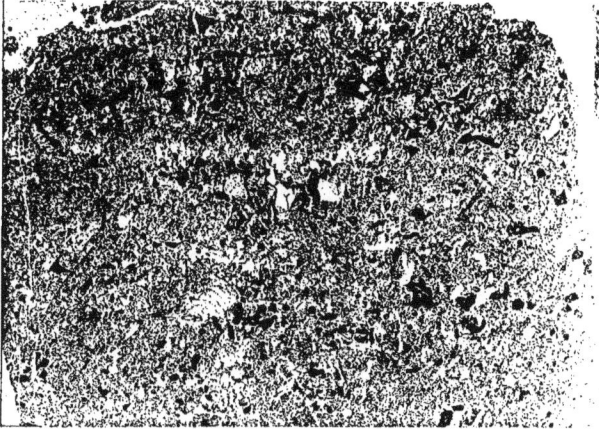

Fig. 2.

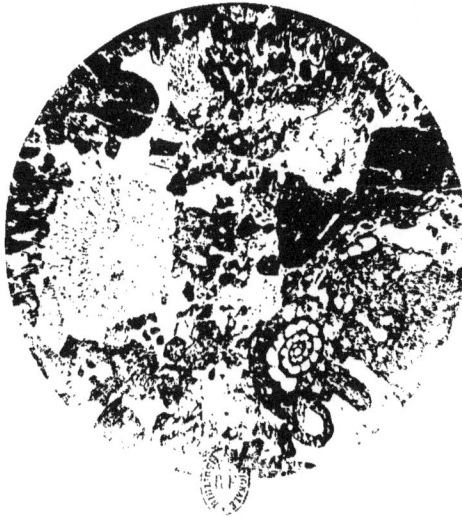

CALCAIRES RÉCIFAUX DU JURASSIQUE SUPÉRIEUR.

L'ÉCHAILLON.

Fig. 1.

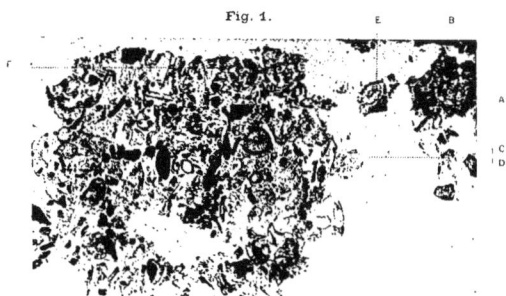

Fig. 2.

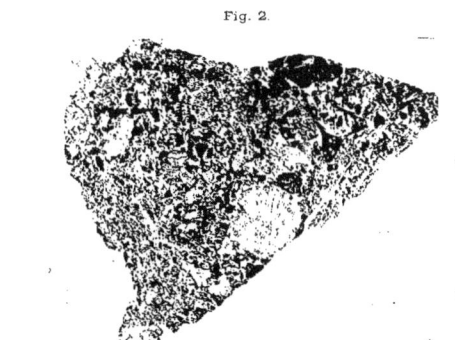

Fig. 3.

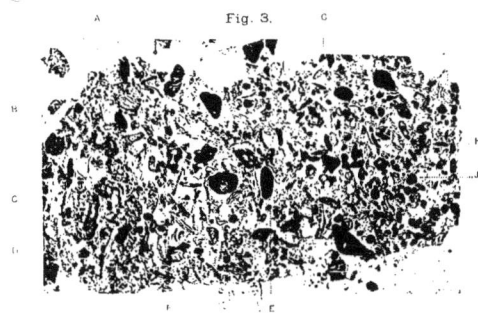

CALCAIRES RÉCIFAUX DU JURASSIQUE SUPÉRIEUR

L'ÉCHAILLON.

Fig. 1.

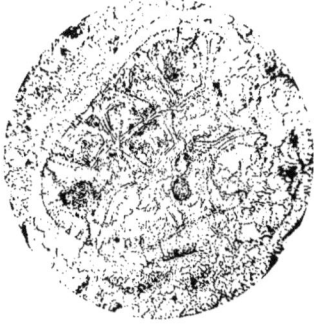

Fig. 2.

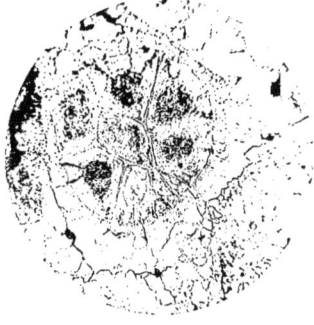

Fig. 3.

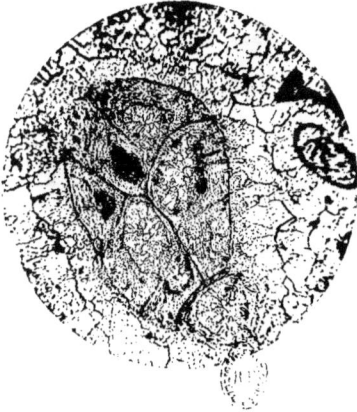

Fig. 4.

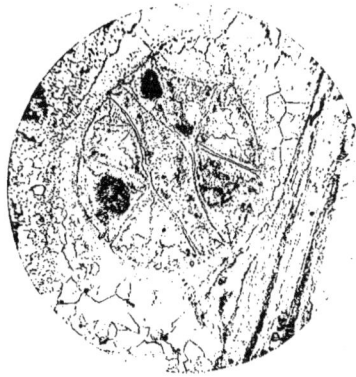

CALCAIRES RÉCIFAUX DU JURASSIQUE SUPÉRIEUR.

L'ÉCHAILLON.

Fig. 1.

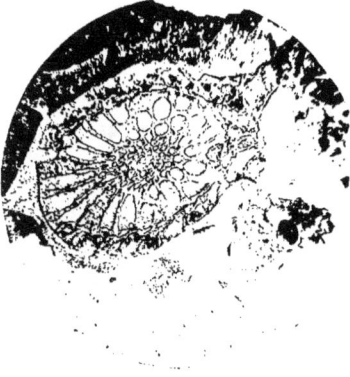

Fig. 2.

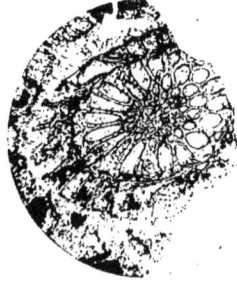

Fig. 3.

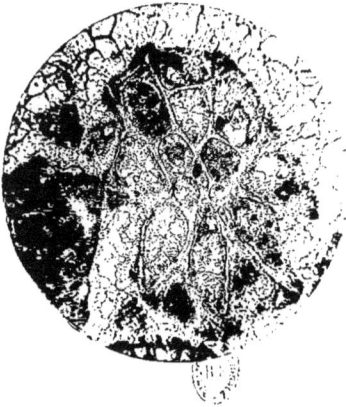

Fig. 4.

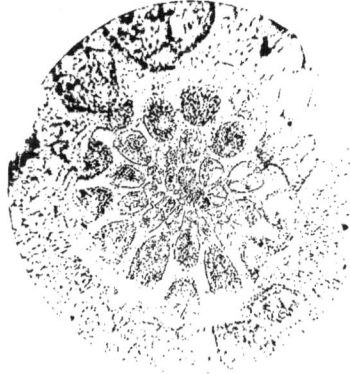

CALCAIRES RÉCIFAUX DU JURASSIQUE SUPÉRIEUR.

L'ÉCHAILLON.

Fig. 1.

Fig. 2.

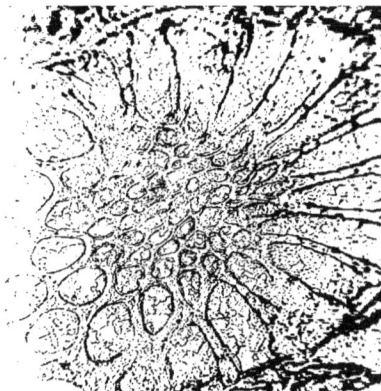

Fig. 3.

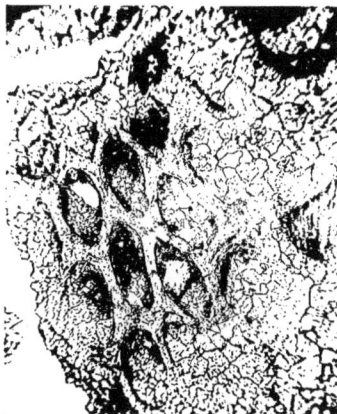

Fig. 4.

CALCAIRES RÉCIFAUX DU JURASSIQUE SUPÉRIEUR.

(L'ÉCHAILLON).

Fig. 1.

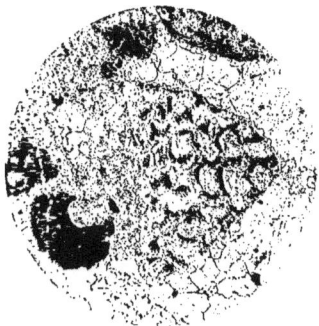

Fig. 2.

Fig. 3.

Fig. 4.

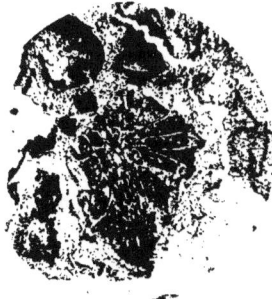

CALCAIRES RÉCIFAUX DU JURASSIQUE SUPÉRIEUR.

(L'ÉCHAILLON & AIZY).

Fig. 1.

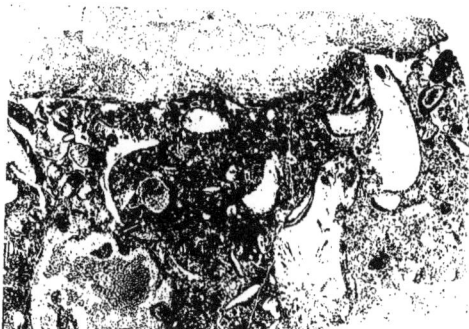

Fig. 2.

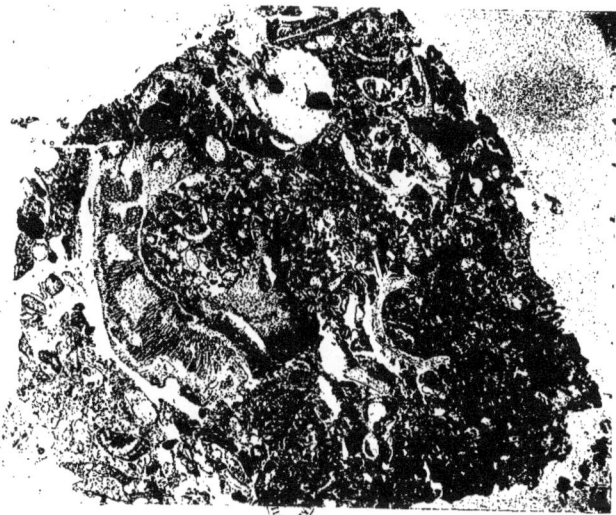

BRÈCHE RÉCIFALE D'AIZY.

(JURASSIQUE SUPÉRIEUR).

Fig. 1.

Fig. 2.

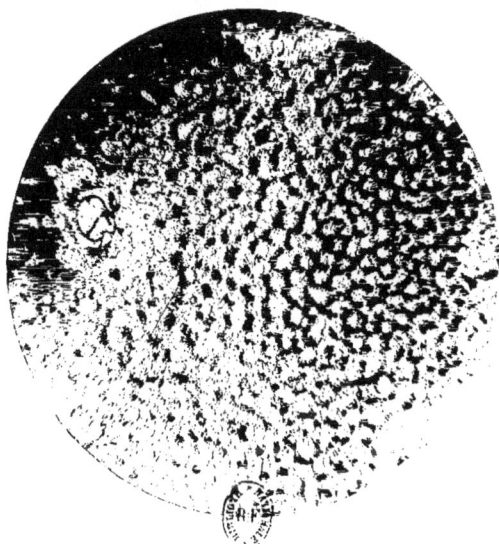

BRÈCHE RÉCIFALE D'AIZY.

(JURASSIQUE SUPÉRIEUR).

Fig. 1.

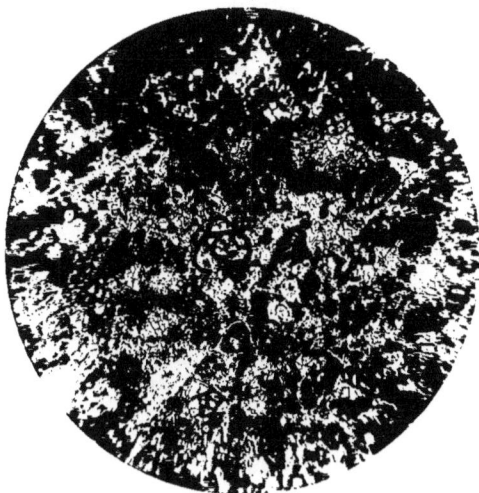

Fig. 2.

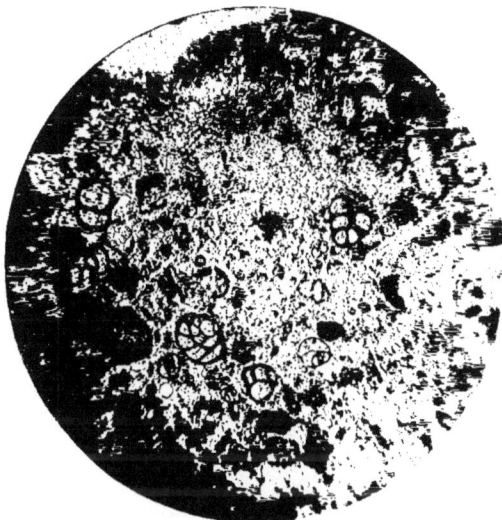

BRÈCHE RÉCIFALE D'AIZY.

(JURASSIQUE SUPÉRIEUR).

Fig. 1.

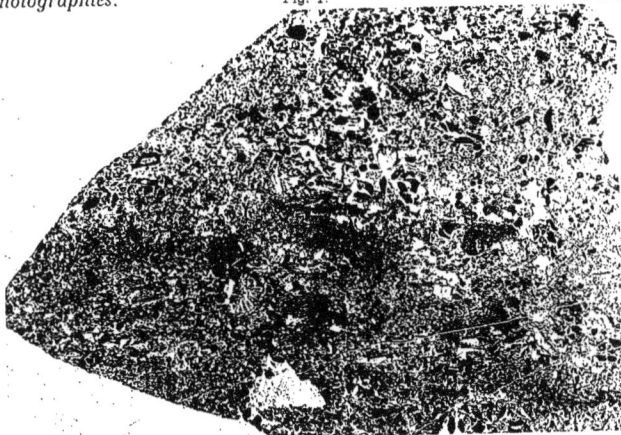

Fig. 2.

Fig. 3.

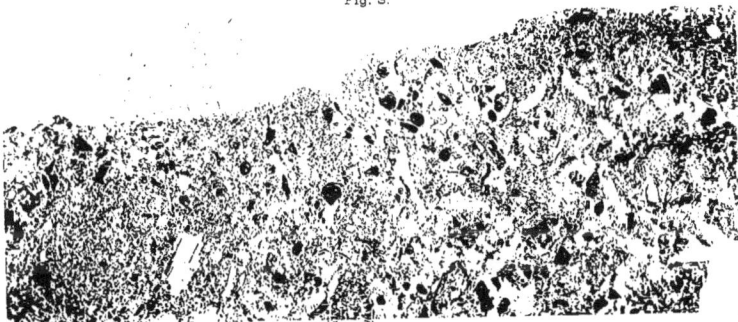

CALCAIRE & BRÈCHES
DU JURASSIQUE SUPÉRIEUR RÉCIFAL.

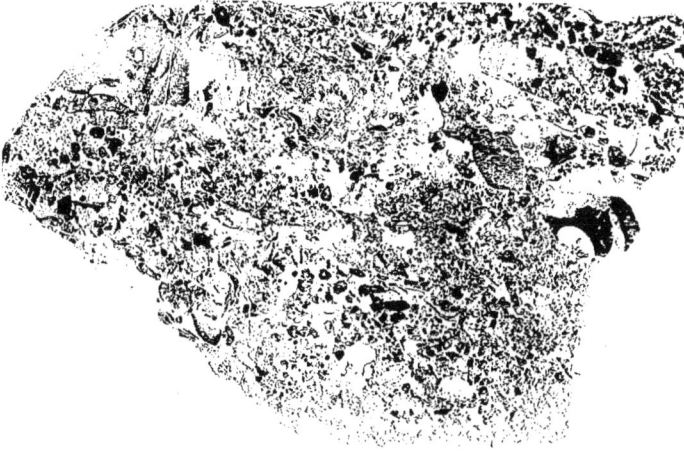

Fig. 2.

CALCAIRES RÉCIFAUX

DU JURASSIQUE SUPÉRIEUR.

Fig. 1.

Fig. 2.

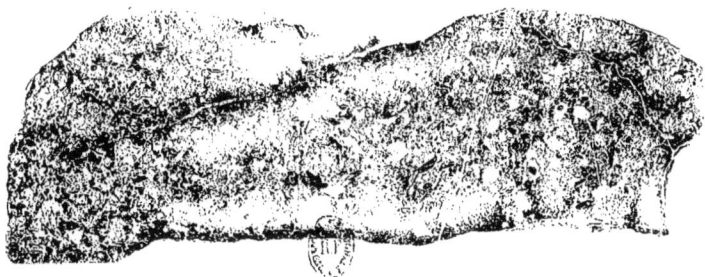

CALCAIRES RÉCIFAUX

DU JURASSIQUE SUPÉRIEUR.

Fig. 1.

Fig. 2.

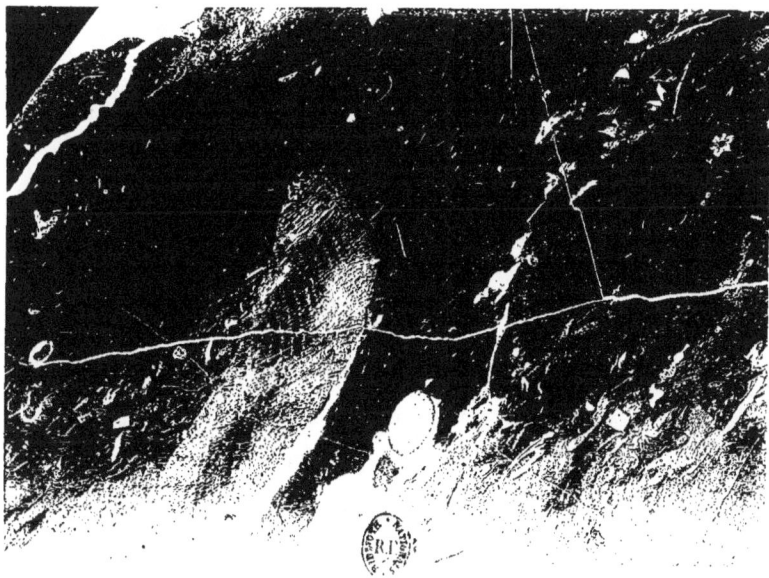

CALCAIRES DU JURASSIQUE

SUPÉRIEUR ALPIN.

Fig. 1.

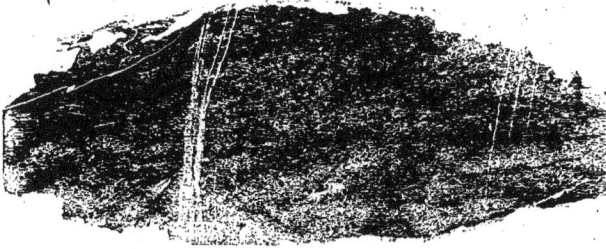

Fig. 2.

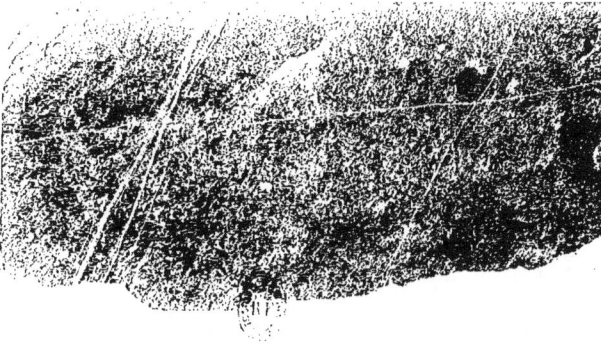

CALCAIRES DU JURASSIQUE

SUPÉRIEUR ALPIN.

Fig. 1.

Fig. 2.

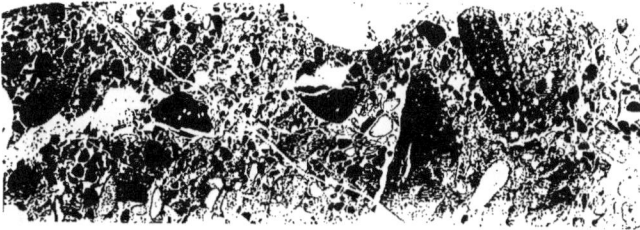

Fig. 3.

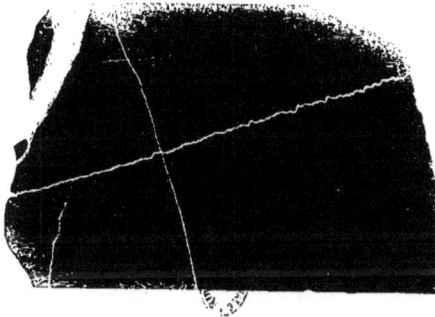

CALCAIRES DU JURASSIQUE

SUPÉRIEUR ALPIN.

Fig. 1.

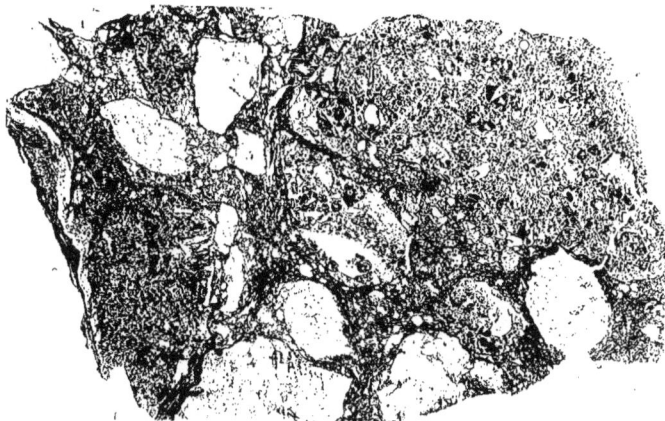

Fig. 2.

CALCAIRES & BRÈCHES

DU JURASSIQUE SUPÉRIEUR ALPIN.

Fig. 1.

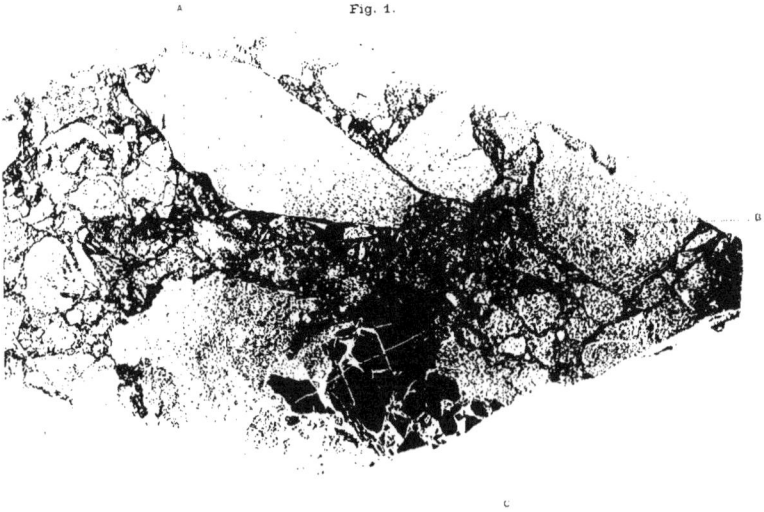

Fig. 2.

Fig. 3.

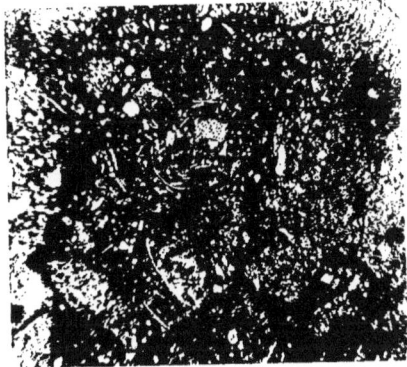

CALCAIRES BRÈCHES

DU JURASSIQUE SUPÉRIEUR ALPIN.

Fig. 1.

Fig. 2.

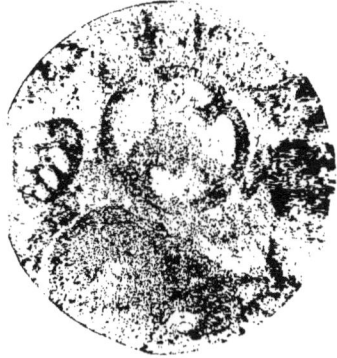

Fig. 3.

CALCAIRES JURASSIQUES DIVERS.

Fig. 1.

Fig. 2.

Fig. 3.

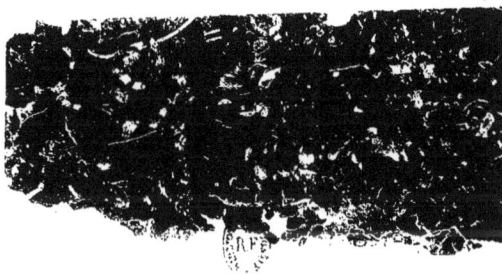

CALCAIRES JURASSIQUES DIVERS.

b

Fig. 1.

Fig. 2.

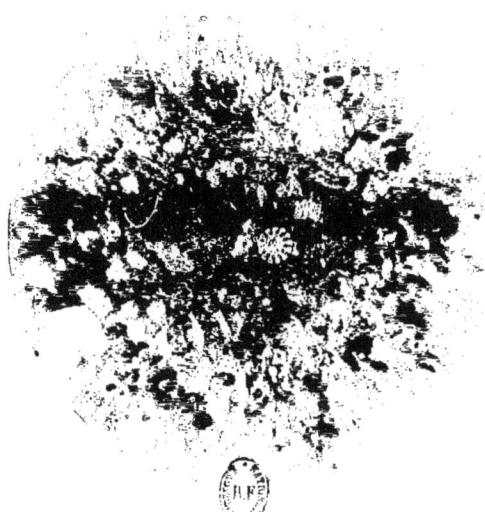

CALCAIRES A FORAMINIFÈRES

DU BARRÉMIEN.

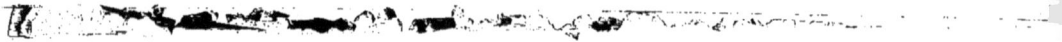

Fig. 1.

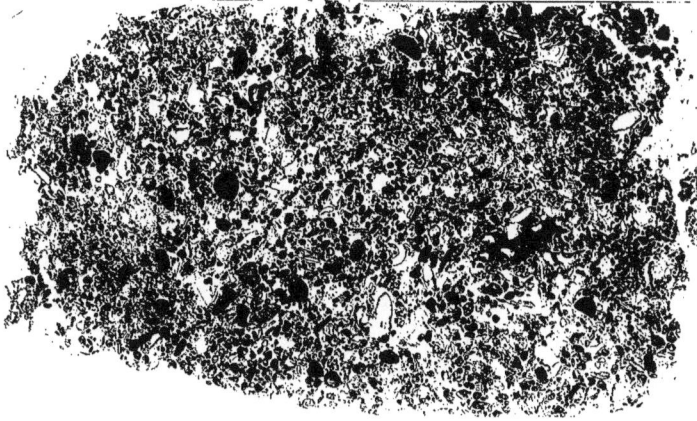

Fig. 2.

CALCAIRES ZOOGÈNES

DU BARRÉMIEN.

Fig. 1.

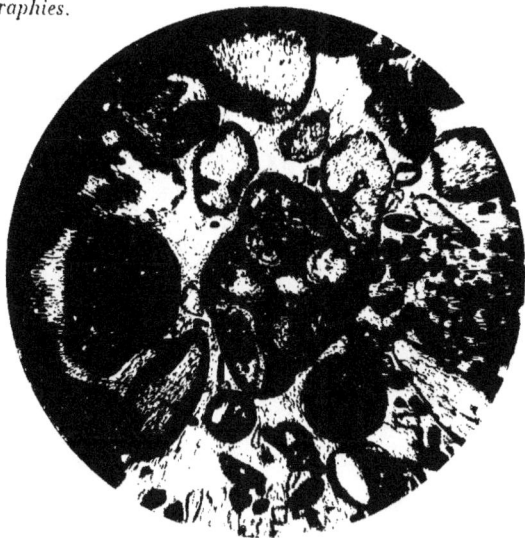

Fig. 2.

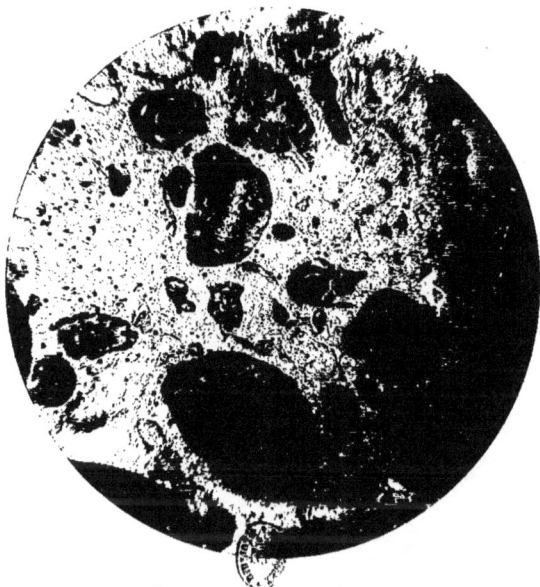

CALCAIRES ZOOGÈNES

DU BARRÉMIEN.

Fig. 1.

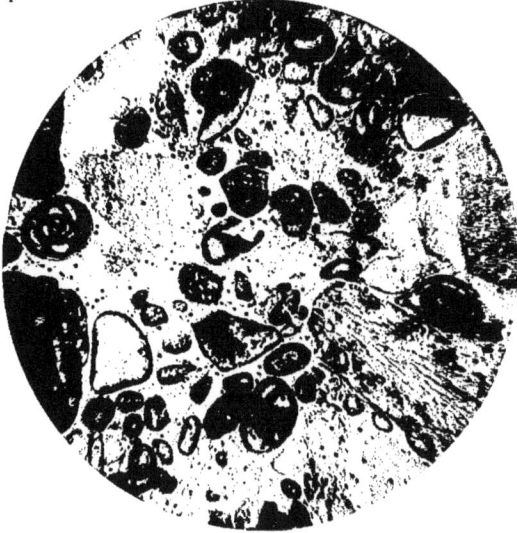

Fig 2.

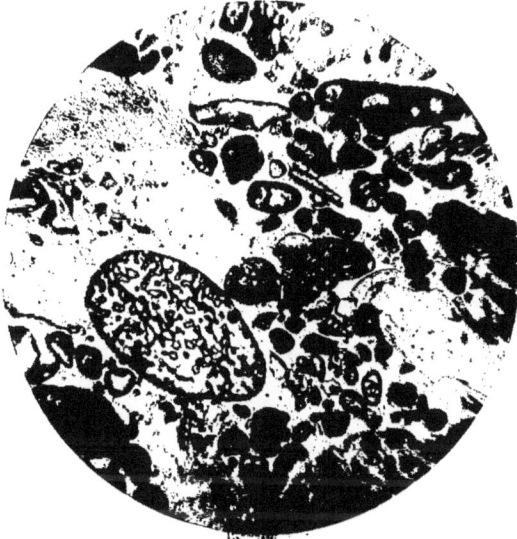

CALCAIRES ZOOGÈNES

DU BARRÉMIEN.

Fig. 1.

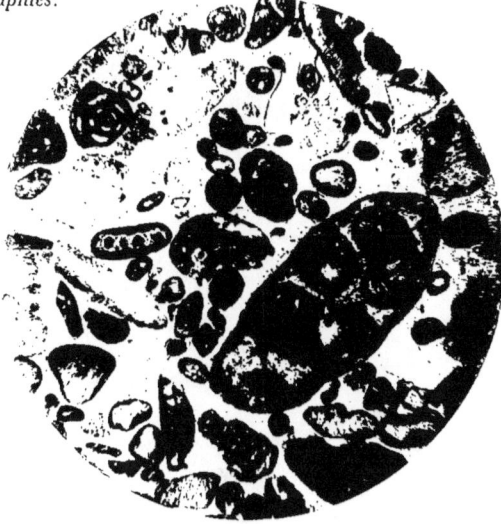

Fig. 2.

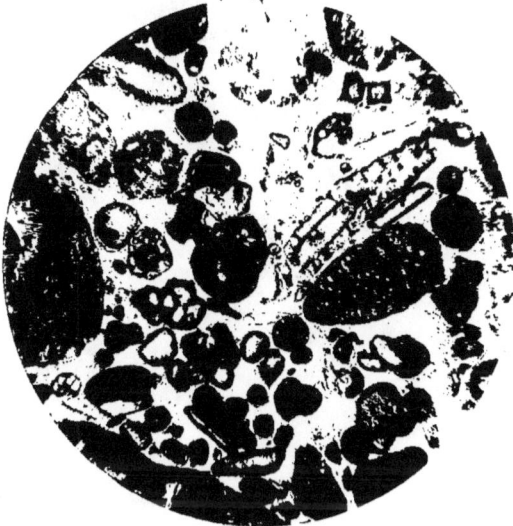

CALCAIRES ZOOGÈNES

DU BARRÉMIEN.

Fig. 1.

Fig. 2.

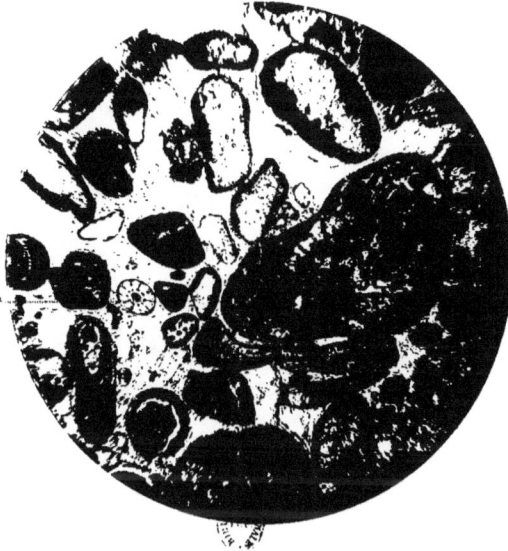

CALCAIRES ZOOGÈNES

DU BARRÉMIEN.

Fig. 1.

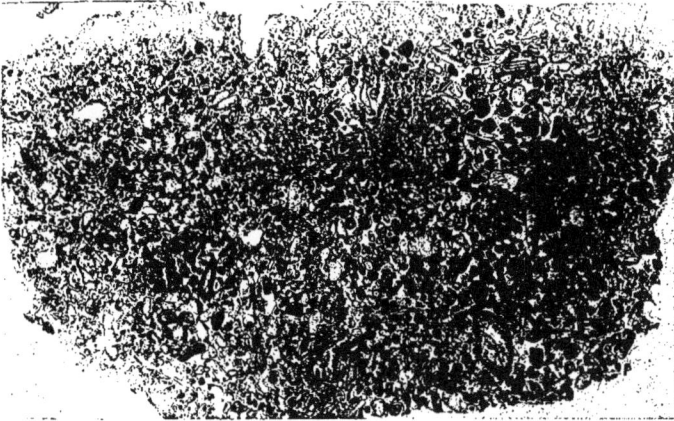

Fig. 2.

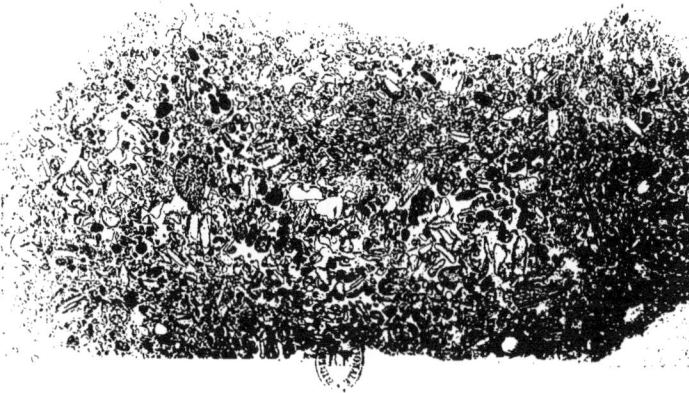

CALCAIRES ZOOGÈNES

DU BARRÉMIEN.

Fig. 1.

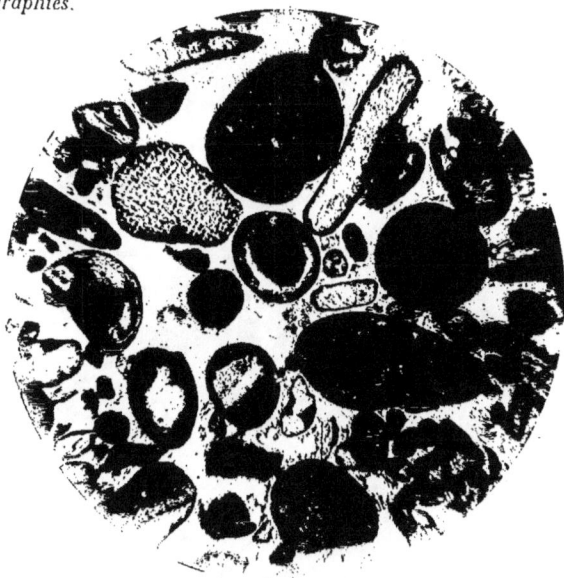

Fig. 2.

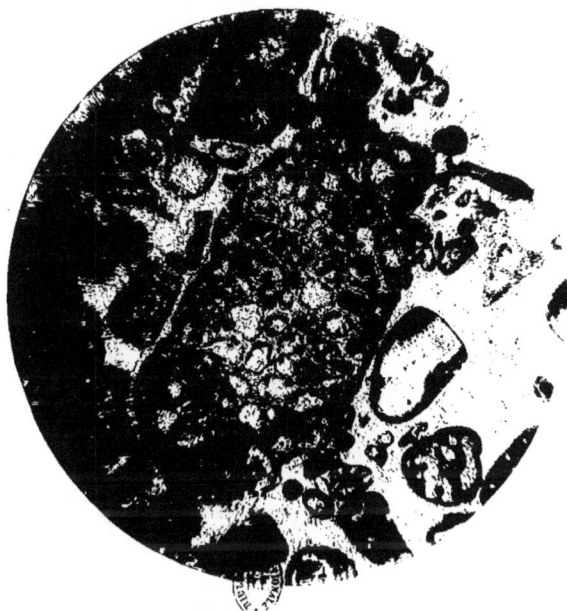

CALCAIRES ZOOGÈNES

DU BARRÉMIEN.

Fig. 1.

Fig. 2.

POLYPIER DES CALCAIRES ZOOGÈNES

DU BARRÉMIEN.

Fig. 1.

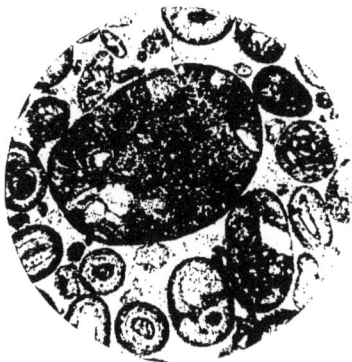

Fig. 2.

Fig. 3.

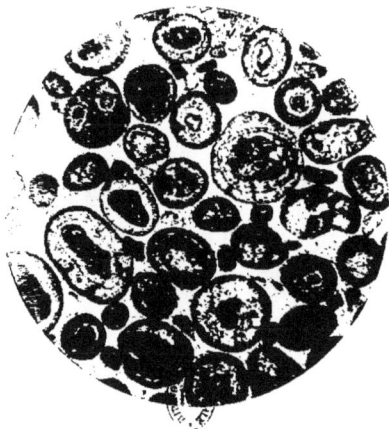

Fig. 4.

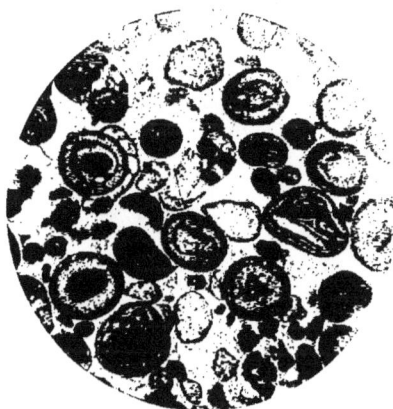

CALCAIRES URGONIENS

DU JURA MÉRIDIONAL.

Fig. 1.

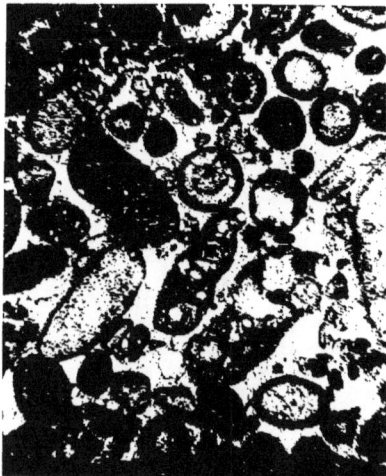

Fig. 2.

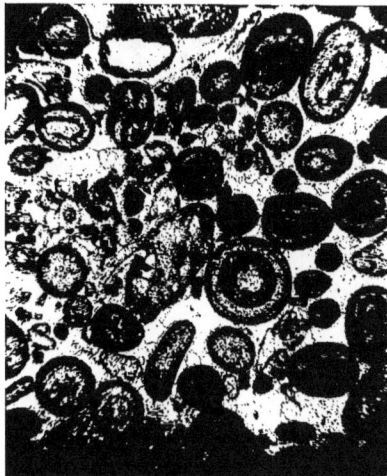

Fig. 3.

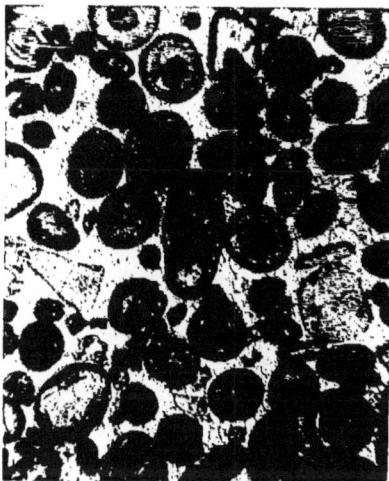

Fig. 4.

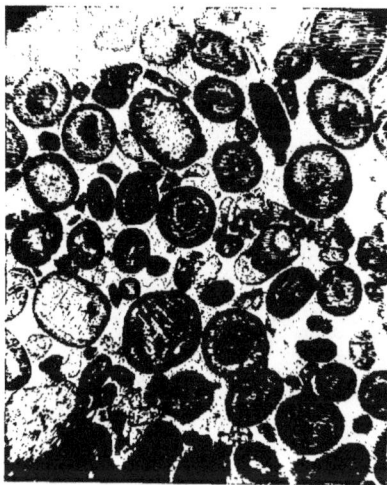

CALCAIRES URGONIENS
DU JURA MÉRIDIONAL.

Fig. 1.

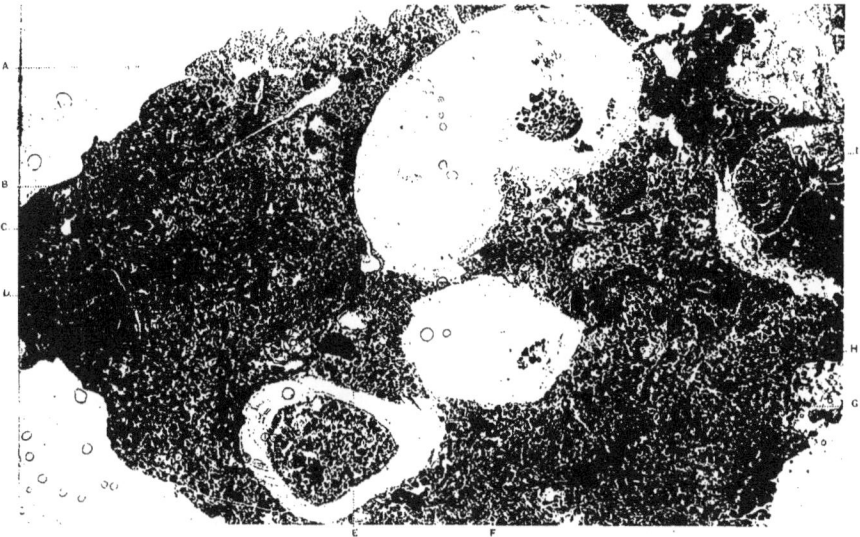

Fig. 2.

CALCAIRES URGONIENS

DU JURA MÉRIDIONAL & DE L'ISÈRE.

Fig. 1.

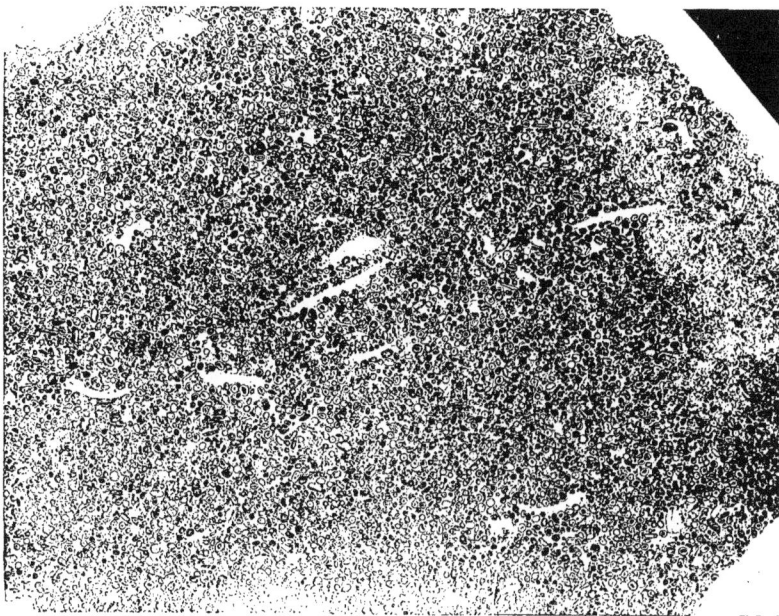

Fig. 2.

CALCAIRES URGONIENS

DU JURA MÉRIDIONAL.

Fig. 1.

Fig. 2.

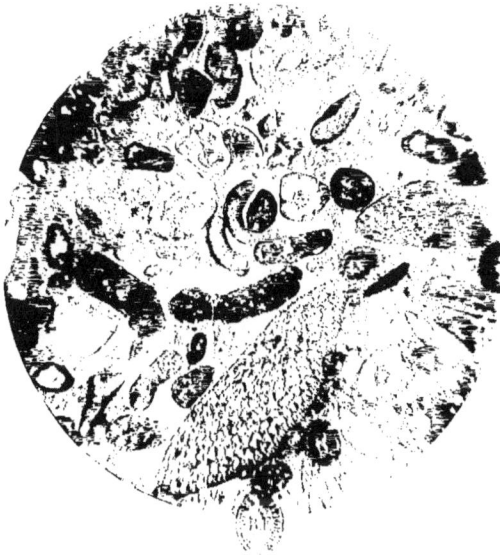

MARNOCALCAIRES URGONIENS

A ORBITOLINES.

Fig. 1.

Fig. 2.

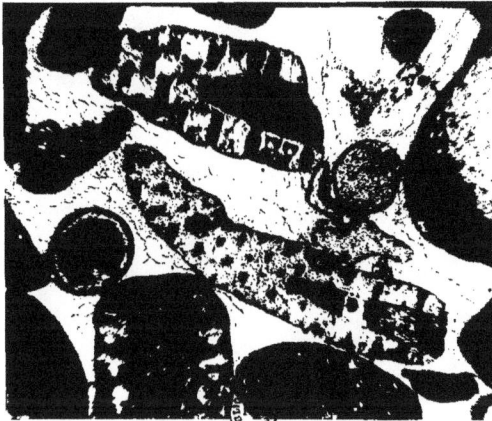

CALCAIRES URGONIENS & BARRÉMIENS

DES CHAINES SUBALPINES.

Fig. 1.

Fig. 2.

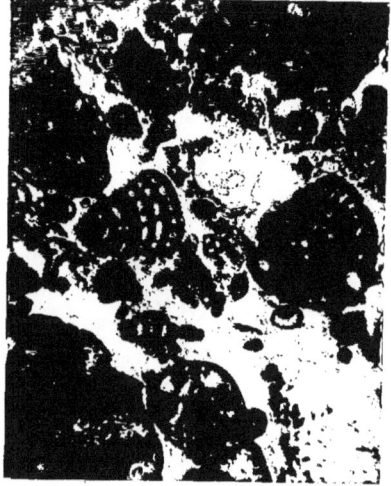

Fig. 3.

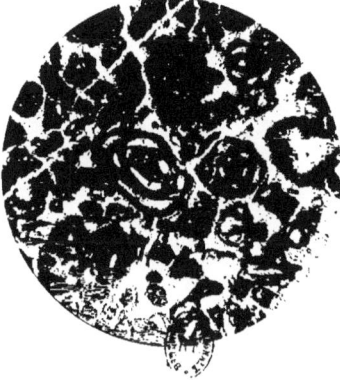

Fig. 4.

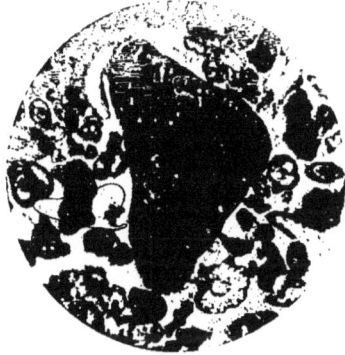

CALCAIRES URGONIENS

DE LA RÉGION SUBALPINE.

Fig. 1.

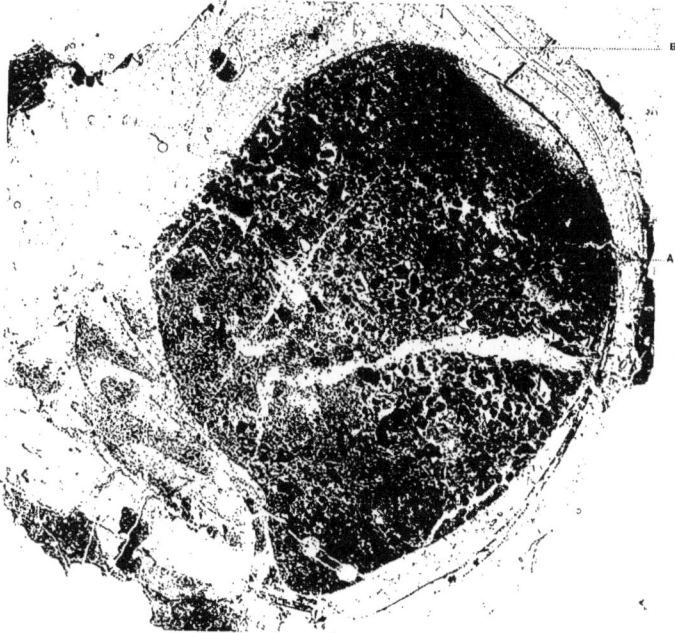

Fig. 2.

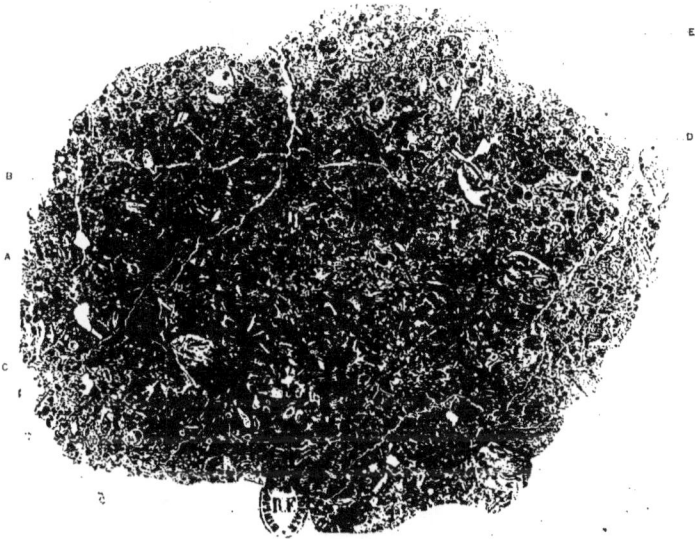

CALCAIRES URGONIENS
DES CHAINES SUBALPINES.

Fig. 1.

Fig. 2.

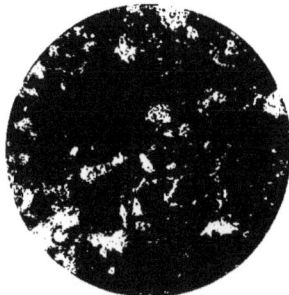

Fig. 3.

Fig. 4.

Fig. 5.

CALCAIRES URGONIENS

DES CHAINES SUBALPINES.

Fig. 1.

Fig. 2.

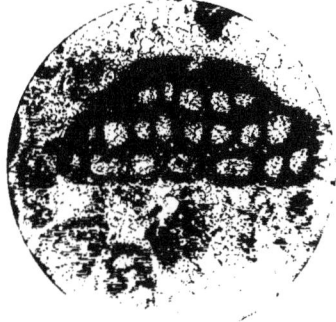

Fig. 3.

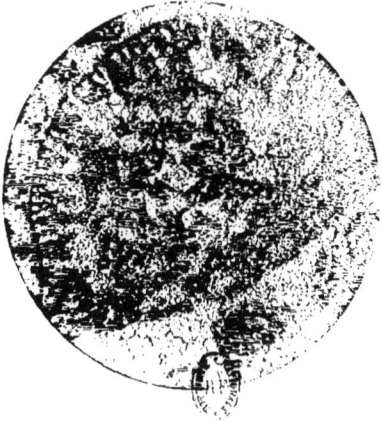

Fig. 4.

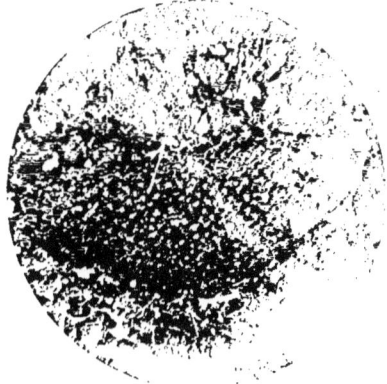

CALCAIRES URGONIENS
DE LA RÉGION SUBALPINE.

Fig. 1.

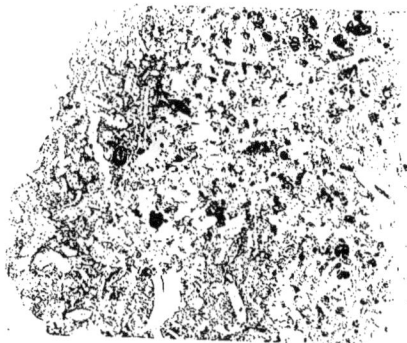

Fig. 2.

CALCAIRES SÉNONIENS
DES CHAINES SUBALPINES.

Fig. 1.

Fig. 2

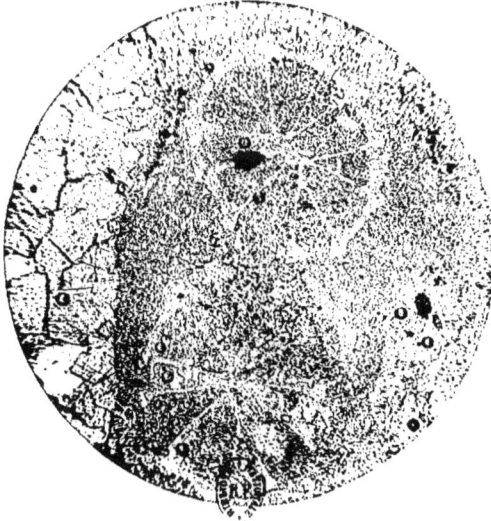

CALCAIRES SÉNONIENS

DES CHAINES SUBALPINES.

Fig. 1.

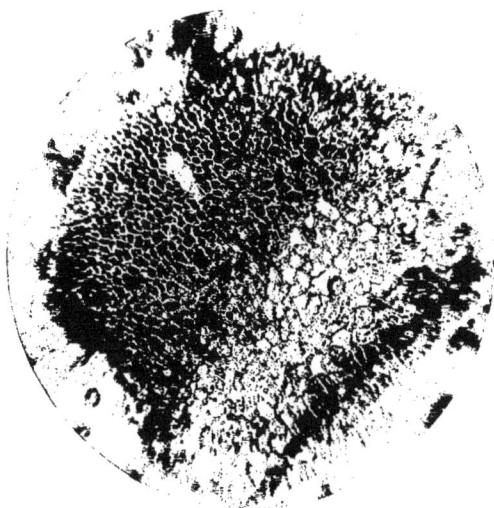

Fig. 2.

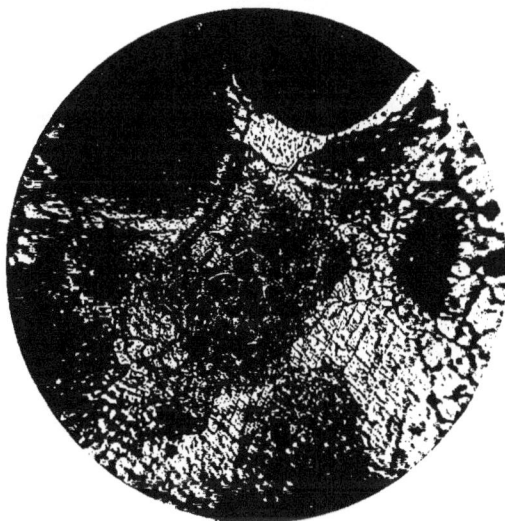

CALCAIRES SÉNONIENS

DES CHAINES SUBALPINES.

Fig. 1.

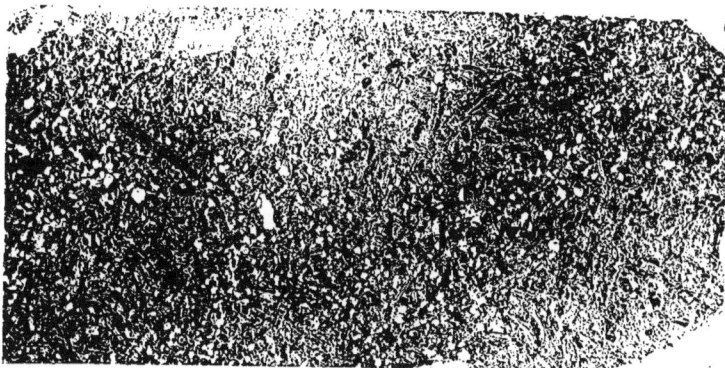

Fig. 2.

CALCAIRES SÉNONIENS

DES CHAINES SUBALPINES.

Fig. 1.

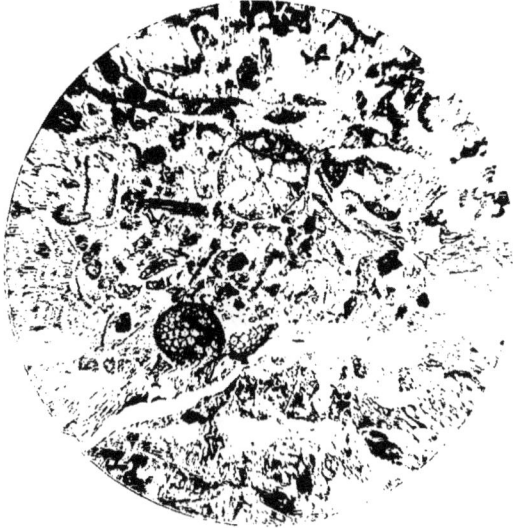

Fig. 2.

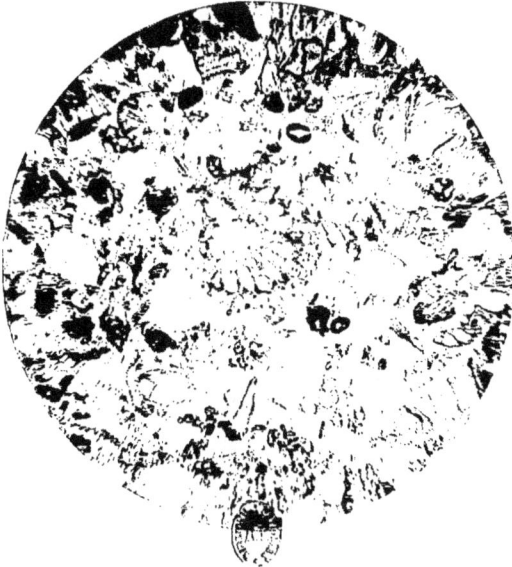

CALCAIRES SÉNONIENS

DES CHAINES SUBALPINES.

Fig. 1.

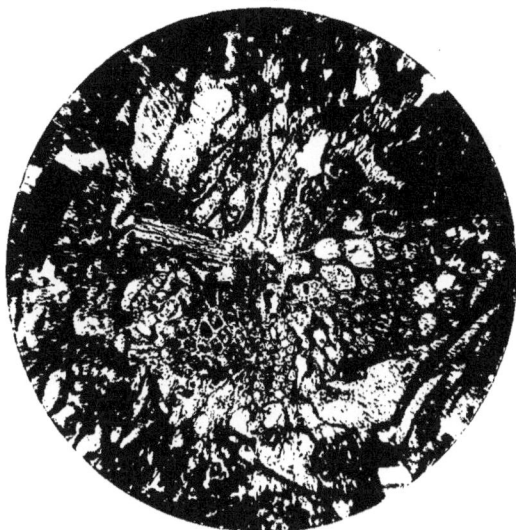

Fig. 2.

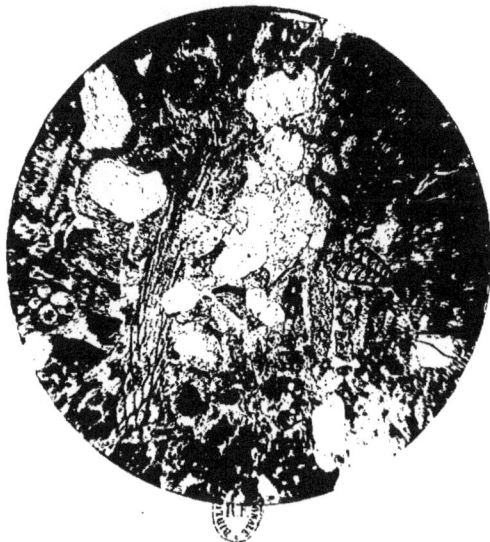

CALCAIRES SÉNONIENS

DES CHAINES SUBALPINES.

Fig. 1.

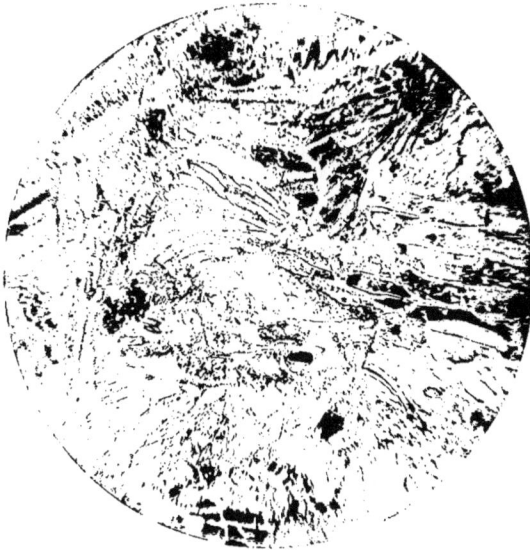

Fig. 2.

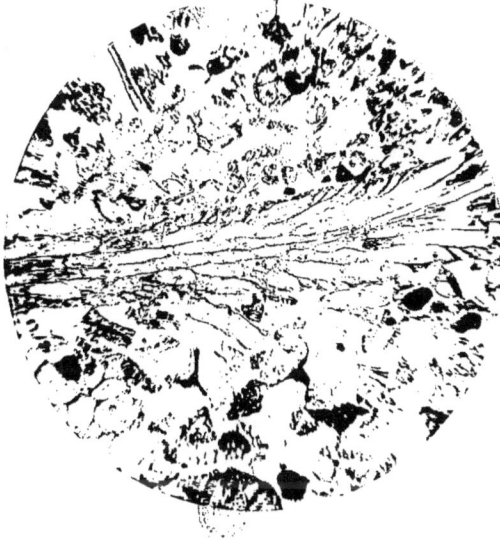

CALCAIRES SÉNONIENS
DES CHAINES SUBALPINES.

Fig. 1.

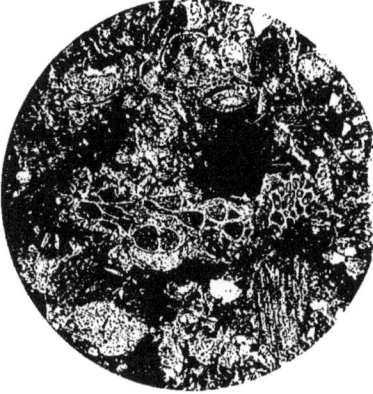

Fig. 2.

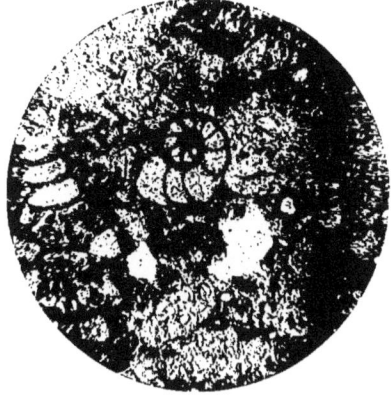

Fig. 3.

CALCAIRES SÉNONIENS
DES CHAINES SUBALPINES.

Fig. 1.

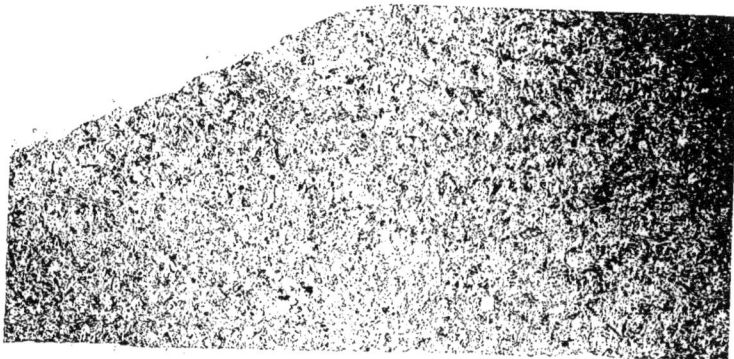

Fig. 2.

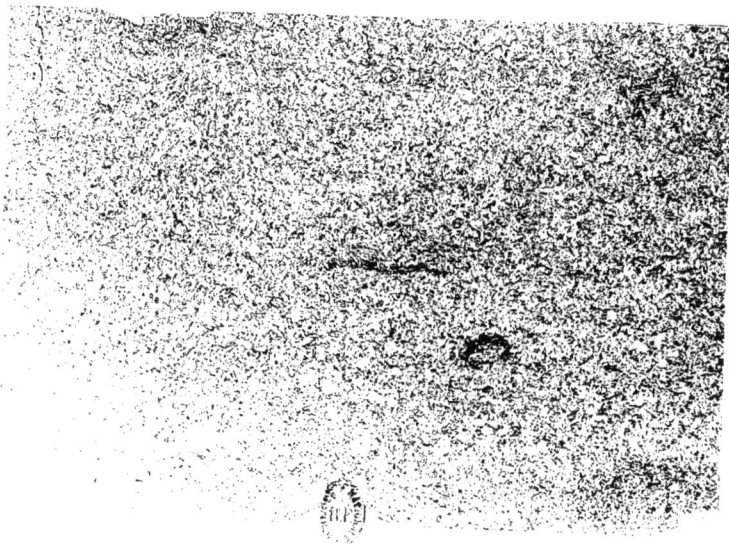

CALCAIRES SÉNONIENS
DES CHAINES SUBALPINES.

Fig. 1.

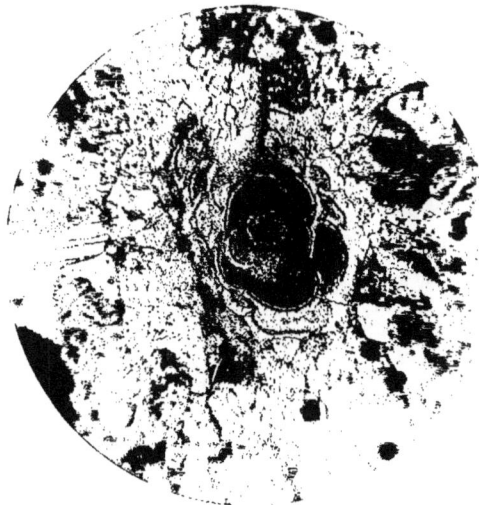

Fig. 2.

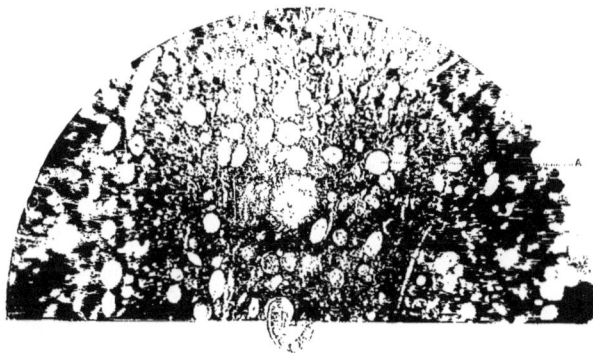

CALCAIRES SÉNONIENS.

Fig. 1.

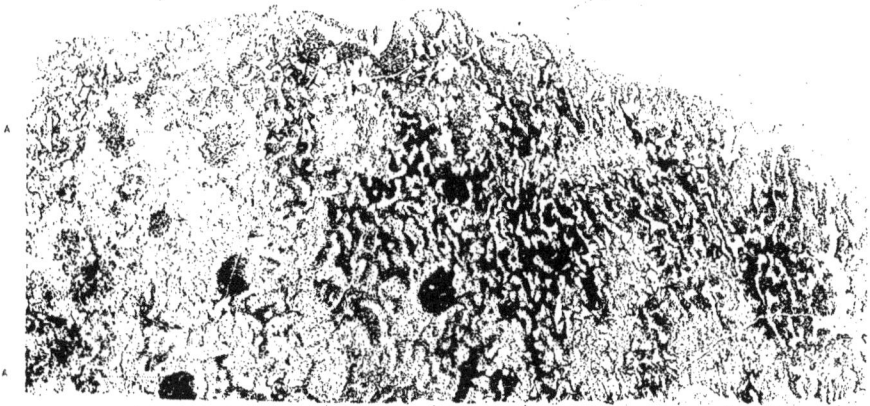

Fig. 2.

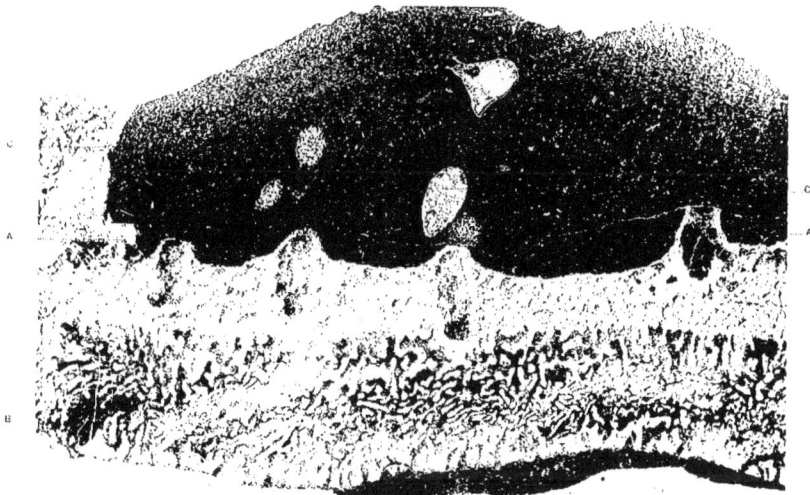

CALCAIRE SÉNONIEN

A SPONGIAIRES.

Fig. 1.

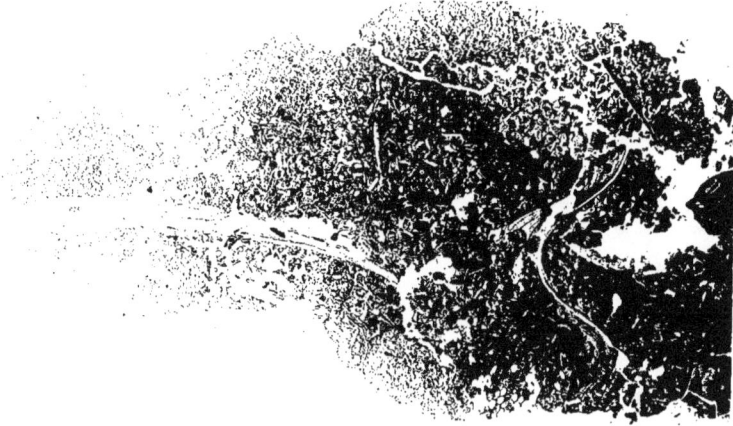

Fig. 2.

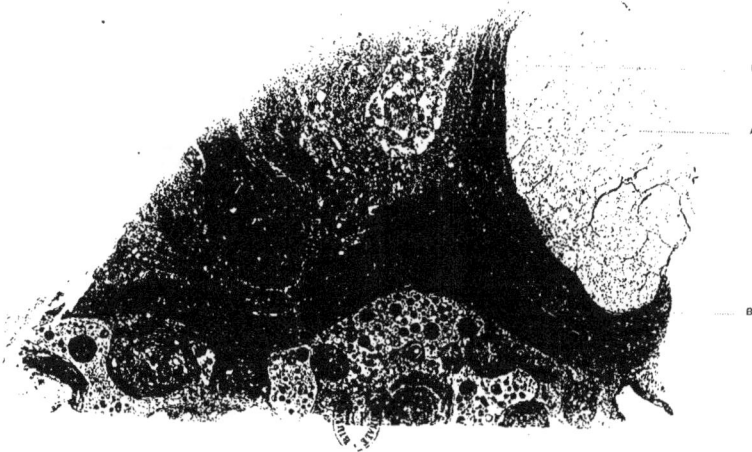

CALCAIRES DIVERS.

(CRÉTACÉ — TERTIAIRE.)

Fig. 1.

Fig. 2.

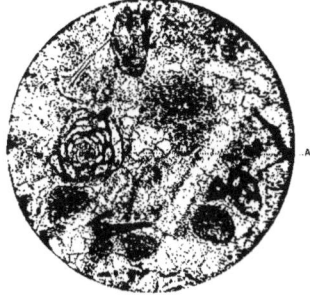

Fig. 3.

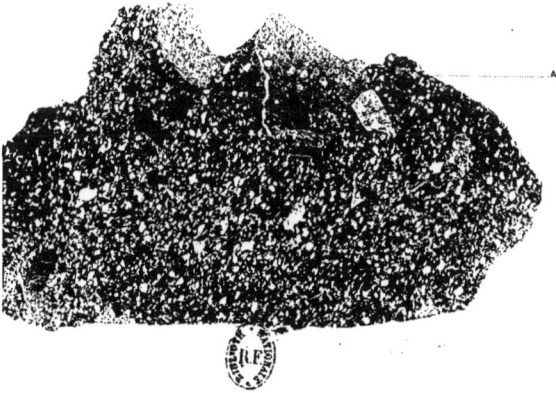

CALCAIRES DIVERS.

Fig. 1.

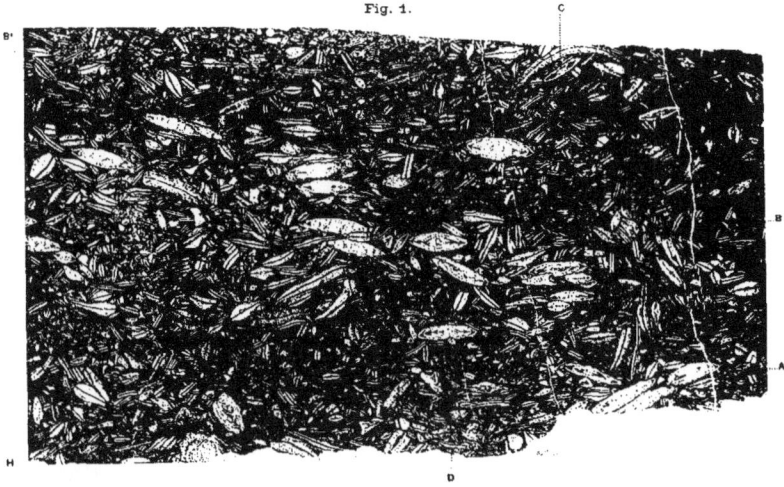

Fig. 2.

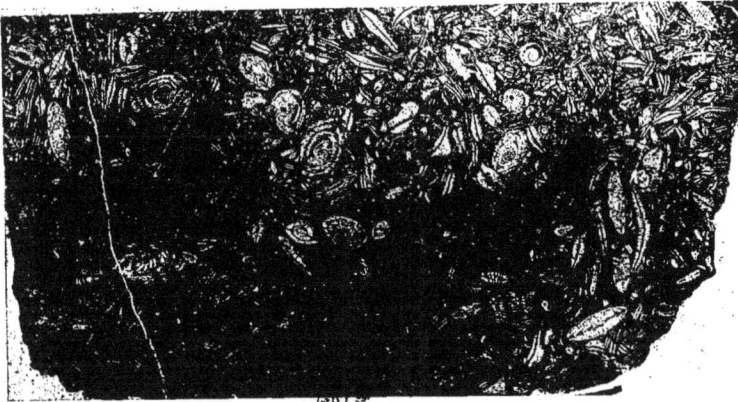

CALCAIRES NUMMULITIQUES

DES ALPES.

Fig. 1.

Fig. 2.

Fig. 3.

Fig. 4.

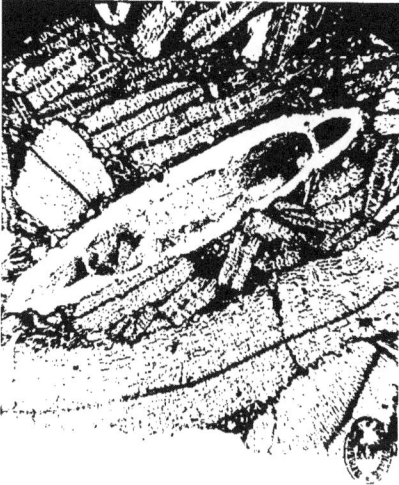

CALCAIRES NUMMULITIQUES

DES ALPES.

Fig. 1.

Fig. 2.

Fig. 3.

Fig. 4.

CALCAIRES NUMMULITIQUES

DES ALPES.

Fig. 1.

Fig. 2.

Fig. 3.

Fig. 4.

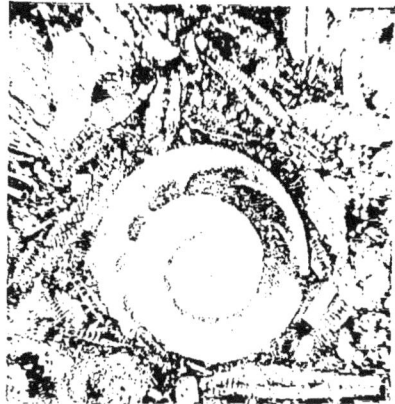

CALCAIRES NUMMULITIQUES

DES ALPES.

Fig. 1.

Fig. 2.

Fig. 3.

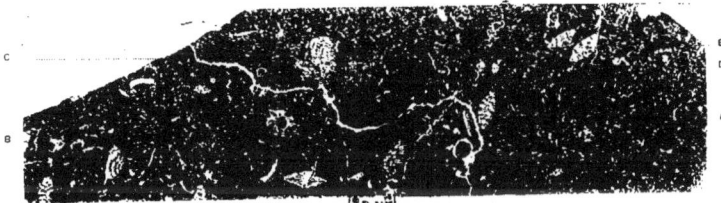

CALCAIRES NUMMULITIQUES

DES ALPES.

Fig. 1.

Fig. 2.

Fig. 3.

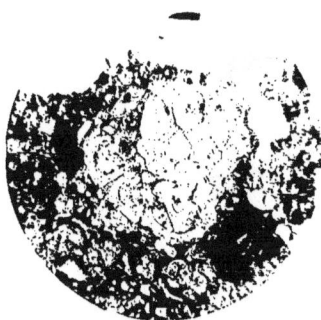

Fig. 4.

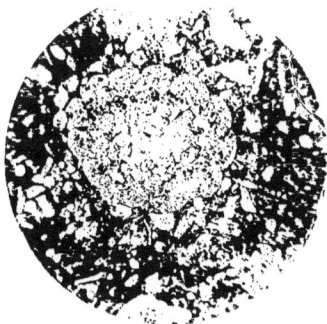

Fig. 5.

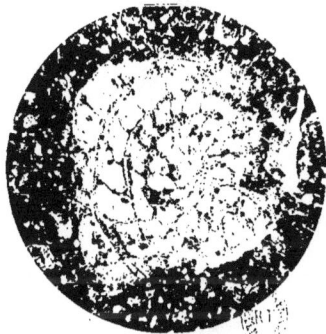

Fig 6

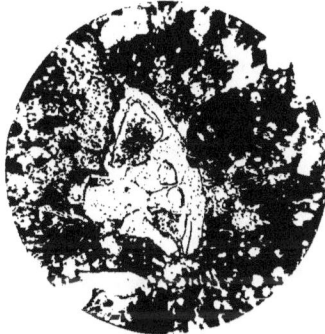

CALCAIRES NUMMULITIQUES

DES ALPES.

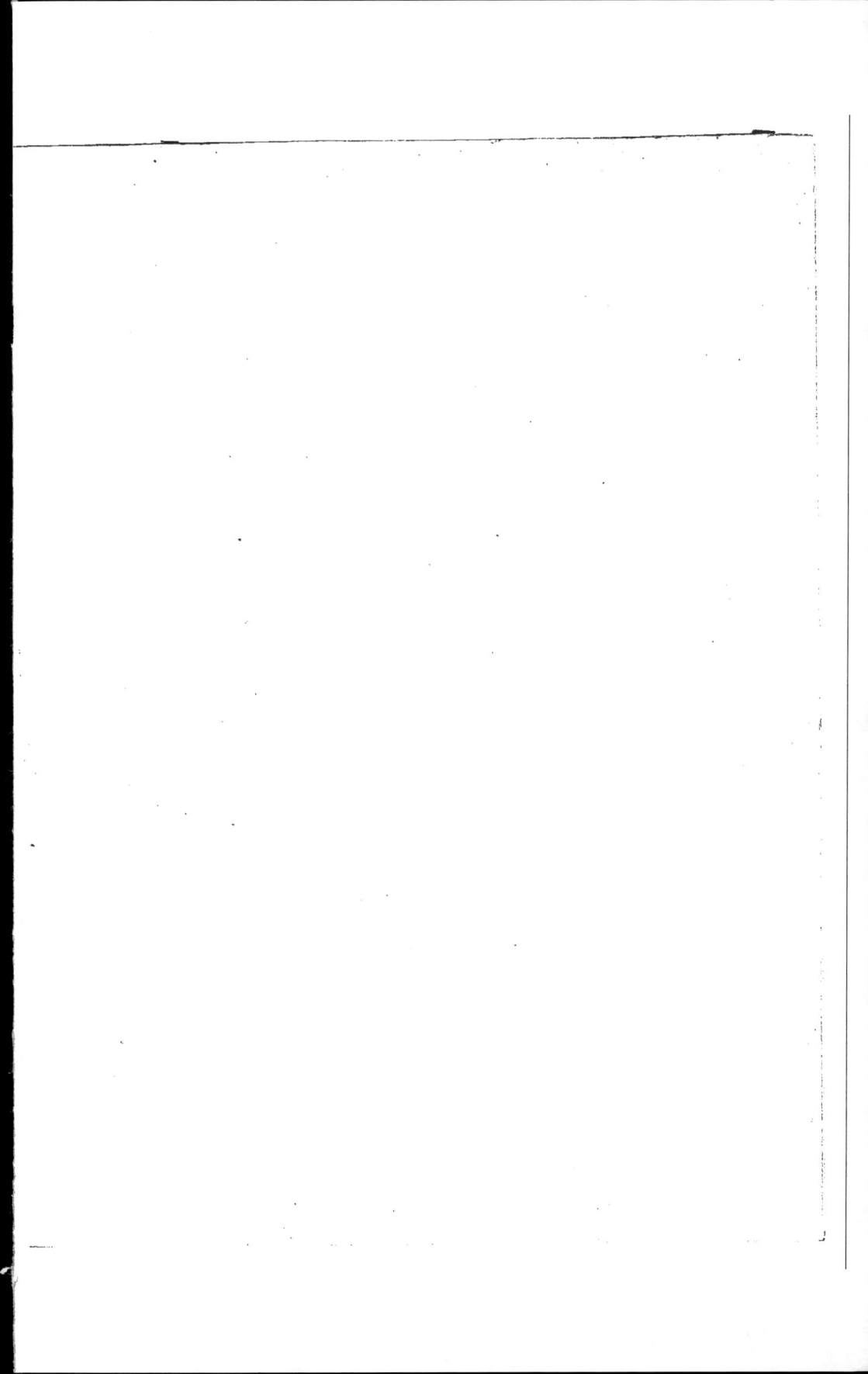

www.ingramcontent.com/pod-product-compliance
Lightning Source LLC
Chambersburg PA
CBHW071655200326
41519CB00012BA/2512